計算力学レクチャーコース

オイラー型構造解析

超並列計算と3D生成AIへの展開

一般社団法人 日本計算工学会 編

西口浩司・岡澤重信 著

丸善出版

第2期の刊行にあたって

理工学における力学現象を理解・解明するための，理論，実験に次ぐ第3の方法として登場した「計算力学」(Computational Mechanics) は，CAE (Computer Aided Engineering) の概念の下で数値シミュレーションによるものつくりの高度化を実現する基盤技術として，産業界で日常的に利用されています．また，力学は自然現象を記述する最も基本的な原理の一つであることから，計算力学の応用分野はものつくりの分野にとどまらず，防災・減災・環境，生命科学，医療などの分野にも広がり，計算力学を利用した技術の実用化が進んでいます．このような計算力学の広がりは，使いやすいソフトウェアの開発と普及およびコンピュータ性能の飛躍的向上によるものですが，適切な結果が確実に得られる頑強で成熟した技術には至っていないのが現状です．したがって，計算力学を活用する研究者や技術者は，計算対象の物理に対する知識と経験に加えて数値シミュレーションに対する幅広い素養が必要とされるとともに，計算力学の理論や技術の一層の発展も期待されるところです．

一般社団法人日本計算工学会では，このような背景を受けて，有用で発展が期待される計算力学手法に着目し，“基礎理論からプログラミングに至るまでを例題を通じて詳しく解説する”ことで，読者が“その手法を深く理解するとともに独自のコード開発が可能となること”をコンセプトとした,「計算力学レクチャーシリーズ」(全9巻) を刊行しました．このシリーズに対しては，幸いにも読者の皆様からのご好評をいただくとともに，続刊を望む声が寄せられました．このようなご要望に応えるために，そのコンセプトを継承するシリーズ「計算力学レクチャーコース」を企画し，これまで4巻を刊行してきました．

今回，計算力学レクチャーコースの第2期として，固有値解析，非線形並列有限要素法，ボクセル解析[*1]に関する解説書が刊行される運びとなりました．執筆陣は，それぞれの分野の第一線の研究者であり，応用分野でもリーダーとしての役割を果たしている方々です．このシリーズがこれまで同様に計算力学に携わる学生・実務者・研究者にとって有用な書となるとともに，計算力学分野のさらなる進展に繋がることを信じて止みません．

2024 年 12 月

一般社団法人日本計算工学会会長　長　嶋　利　夫
（上智大学理工学部教授）

*1　ボクセル解析のなかでもオイラー型構造解析に限定した解説となった．

序　　　文

固体/構造の力学挙動の数値シミュレーションでは，ラグランジュ記述による有限要素法がデファクトスタンダードとなっている．一方，オイラー記述による固体/構造解析（オイラー型構造解析）は，空間に固定された空間メッシュを用いる方法で，一般に用いられることは少ない手法である．しかし，従来のラグランジュ記述による有限要素法では困難な数値シミュレーションが，近年オイラー型構造解析で可能となりつつある．この背景には，スーパーコンピュータを用いて膨大な並列度で演算処理を行う超並列計算の進展や，3D 構造物の自動生成を可能とする 3D 生成 AI の台頭が挙げられる．そこで，本書ではオイラー型構造解析の基礎から，超並列計算や 3D 生成 AI への応用までご紹介したいと考えた次第である．

商用の固体/構造解析コードの一部では，オイラー型構造解析が利用可能で，大変形や破断を伴う金属の切削加工・押出成形解析や爆発・衝撃解析などに用いられてきた．しかし，以下で述べる 2 つの理由により，オイラー型構造解析の利点や欠点（表 1），使用する際の勘所，そのアルゴリズム，そして今後の発展性については十分に知られていないと思われる．

第一の理由は，その歴史的経緯である．オイラー型構造解析の起源は，1950 年代後半にロスアラモス国立研究所で研究が始まったハイドロコードと呼ばれる超音速衝撃解析コードにある．ハイドロコードの研究は，1960 年代から 1970 年代前半にかけてロスアラモス国立研究所や米軍の研究者らによって急速に進展した (Johnson, Anderson, Int. J. of Impact Eng., 1987)．ただし，ハイドロコードは超音速衝撃問題という軍事分野に係る技術であったために，そのアルゴリズムの詳細が記載された文献の多くは米国政府の未発表の報告書として埋もれたままで

表 1　オイラー型構造解析の利点と欠点

利点	欠点，発展途上な点
・スーパーコンピュータでの高い並列化効率	・移流計算に起因する計算コストと数値拡散
・自動かつ高速な計算メッシュ生成	・界面での境界条件付与
・ロバストな大変形/破断解析	・界面で不連続性を有する問題
・流体と構造の強連成解析	・静的/準静的問題（陰解法）

ある (Benson, Comput. Methods in Appl. Mech. Eng., 1992). そのため，現在もオイラー型構造解析に関する書籍はほとんど出版されておらず，その詳細を理解するのは容易ではない.

第二の理由は，上記の歴史的経緯および表 1 に示す欠点（特に移流計算に起因する計算コストの大きさ）のために，適用範囲が制限されてきたことである．オイラー記述では，物体界面を表すフィールド変数および固体の履歴依存変数の移流方程式を計算する必要があり，この移流計算による数値拡散を抑制するために従来的な有限要素法に比べて細かなメッシュ分割が必要である．しかし近年は，固定直交メッシュの簡素なデータ構造のおかげで，スーパーコンピュータで高い並列化効率を実現できることから，計算コストの問題を克服しつつあり，従来的な有限要素法では難しいと思われてきた超並列計算や多ケース計算が可能となっている.

本書にまとめた内容の多くは，共同研究者との研究成果に基づいている．アカデミアにおけるオイラー型構造解析の先駆者である David J. Benson 先生（カリフォルニア大学サンディエゴ校 名誉教授）の研究室に，著者の岡澤は 2000 年から数年間，研究活動を行う機会を得た．それ以後も Benson 先生には，国際会議などで数多くのアドバイスをいただいてきた．スーパーコンピュータ「京」向けのソフトウェア開発プロジェクト「次世代生命体統合シミュレーションソフトウェアの研究開発プログラム」の一環として，著者らは 2007 年頃から 2010 年にかけて完全オイラー型解法による流体–構造連成解析の研究に従事し，高木周先生（東京大学），杉山和靖先生（大阪大学），伊井仁志先生（東京科学大学）にオイラー記述における基礎方程式の体積平均化手法をはじめ，数多くのご指導をいただいた．2016 年から著者の西口は，理化学研究所計算科学研究センター複雑現象統一的解法研究チーム（チームリーダー：坪倉誠先生）で，スーパーコンピュータ「富岳」向けのソフトウェアの開発プロジェクトの一環として，オイラー型構造解析の超並列化や自動車構造解析への応用について研究する機会を与えていただいた．オイラー型構造解析を 3D 生成 AI に応用する研究では，千葉直也先生（大阪大学）には，コンピュータ・ビジョンの立場から数多くのご指導をいただいた．著者の西口が名古屋大学に着任後は，加藤準治先生（名古屋大学）にオイラー型構造解析の研究により一層打ち込める環境を与えていただいた．本書の刊行にあたっては，丸善出版株式会社の南一輝氏，峰田紫帆氏には多大なるサポートをいただいた．ここに記して深く感謝を申し上げる．

国内外を見渡しても，オイラー型構造解析の研究を継続的に行っている研究グループは，著者らの知る限り 10 グループにも満たない状況であるが，今後，この研究分野をさらに盛り上げていきたいと考えている．お気づきの点があれば，ぜひご助言をいただければ幸いである．

2024 年 11 月

西　口　浩　司
岡　澤　重　信

目　　次

1 序　　論

計算科学は，実験や観測，そして理論に続く「第 3 の科学」として発展してきた学問分野であり，コンピュータを活用して自然現象や工学問題を数値的に解析する手法やその応用を対象としている．実験や理論では扱うことが難しい複雑な現象を，計算機内でシミュレーションすることにより理解・予測する手段を提供することが，計算科学の重要な役割である．

数値解析手法は，主に計算に使用する「メッシュ」（解析領域を細かく分割した格子）をどのように取り扱うかによって，**ラグランジュ型解法**，**オイラー型解法**，およびその両者を組み合わせた**ハイブリッド型解法**に分類される．ラグランジュ型解法では，メッシュが物体の動きに合わせて変形・移動するため，特に固体力学などにおいて物体の変形を忠実に捉えるのに適している．一方で，オイラー型解法はメッシュを固定して物体の変形・移動を表現する方法であり，流体力学の分野で広く利用される．

さらに，ラグランジュ型とオイラー型の特徴を組み合わせたハイブリッド型解法もあり，これには ALE (arbitrary Lagrangian-Eulerian) 法，MPM (material point method) などが含まれる．また，計算メッシュを必要としないメッシュフリー法も多数提案されている．図 1.1 に，これらの数値解析手法の分類と概念を示す．

1.1 ラグランジュ型解法

ラグランジュ型解法とは，物体の変形・移動に追従する計算メッシュを用いる解法である．ラグランジュ型解法は，以下の利点を有する．

・ラグランジュ記述では移流計算による数値拡散がなく，各種の保存則（質量保存則，運動量保存則，エネルギー保存則）を精度良く計算することができる．

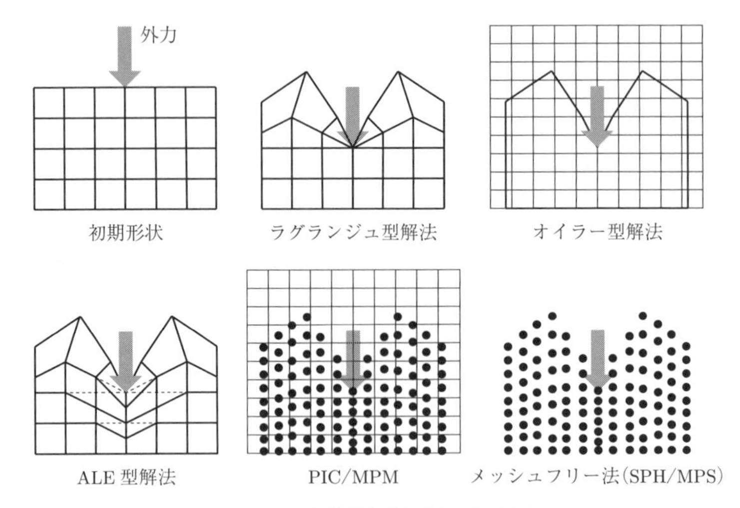

図 1.1　各数値解析手法の概念図

・物質の流動・変形・移動において物質界面と計算メッシュ界面が一致しているため，境界条件の付与および物質界面の追跡が容易である．
・弾塑性や粘弾性などの変形履歴依存性を有する構成方程式を実装するのが容易である．

ただし，物質が大きく変形または流動する場合，計算メッシュの一部が大きく歪んだり潰れたりする場合がある．このような計算メッシュの破綻は，重大な数値誤差を生み，数値計算を異常終了させる原因になる．また，陽解法の場合は，数値解析における時間刻みを小さく設定する必要があるため，計算メッシュのひずみや潰れが大きくなると，時間刻みはゼロに近づき，所望の計算を完了できなくなる．

物質が大きく変形または流動する場合，破綻した計算要素を削除する方法 (element erosion) がある．1970 年代に米国で開発された EPIC (elastic plastic impact computations) という動的陽解法に基づく有限要素法コードでは，element erosion によりメッシュ破綻を避けながら大変形弾塑性解析を可能にした [1,2]．ただし，その代償として，質量保存則やエネルギー保存則を満足できなくなり，数値計算の精度を悪化させる問題がある．

1.2 オイラー型解法

オイラー型解法は，空間固定の計算メッシュ（オイラーメッシュ）を用いる解法であり，その計算メッシュ中を物質が変形・流動・移動する解法である．特に固体/構造に対するオイラー型解法の起源は，**ハイドロコード**と呼ばれる衝撃解析コードにある [3].

1957 年，Evans と Harlow は PIC (particle-in-cell) コードを開発した [4]．PIC 法は，最初のオイラー型ハイドロコードであり，オイラーメッシュ内に離散的なマーカー粒子を配置し，各粒子に質量を割り当てることで物質の移動と変形を計算する手法である．マーカー粒子の座標は時間経過とともに更新され，これにより密度や運動量が計算される．PIC 法は当初，流体問題を計算するために提案されたが，固体と流体の両方の物理現象を計算可能であった．その後，1959 年に Johnson によって SHELL が開発され，PIC の改良版として，効率的な計算が可能となった．さらに，1963 年には SHELL の改善版である SPEAR が Johnson により開発されている．

1965 年には Walsh と Johnson によって OIL コードが開発された．OIL はマーカー粒子の代わりにセル密度を使用し，連続的な質量輸送を実現した．この手法により，計算の安定性が向上し，特に高速衝撃解析において重要な役割を果たすようになった．1967 年には，Johnson によって OIL の 2 材料対応版である TOIL が発表され，さらに同年，3 次元 OIL である TRIOIL も開発された．これにより，3 次元解析が可能となり，より複雑なシミュレーションが実現された．

1968 年，Dienes らによって剛性および完全塑性の材料モデルを導入した RPM (rigid plastic material) 法が提案された．この改良により，OIL の適用範囲が広がり，さまざまな物質の挙動をシミュレートすることが可能となった．

OIL の開発において，PIC と異なりマーカー粒子を使用しない設計が採用された一方で，後に登場した HELP コード [5] や RPM コードでは，マーカー粒子（トレーサー粒子）が使用された．このマーカー粒子は，質量を持たず，セルの平均速度を基に補間され，オイラーメッシュの速度場に従って移動するものであり，材料界面や自由表面の位置を定義するために用いられた．つまり，オイラーメッシュが計算の基盤となっていることから，オイラー型ハイドロコードに分類されてきた．そのため，本書の 4 章で述べるマーカー粒子を用いた手法も，オイラー型構造解析として分類している．

1971 年には，Johnson によって TOIL コードを基にした DORF が開発され，さらに 9 種類の材料を扱える DORF9 も導入された．また，Hageman と Walsh は，RPM に弾塑性材料モデルおよびマーカー粒子を追加し，HELP コードを開発した．この改良により，複数の材料の衝突シミュレーションが可能となり，特に爆破衝撃解析において大きな成果を上げた．1975 年には Hageman らによって HELP の改良版である HELP75 が，1976 年には 3 次元対応版の METRIC が発表された．これらの発展により，より複雑な 3 次元衝撃解析が可能となり，核兵器の大気応答解析など，さらに高度な計算が可能となった．

1977 年には Johnson により，Operator-split 法を用いた SOIL が開発され，さ

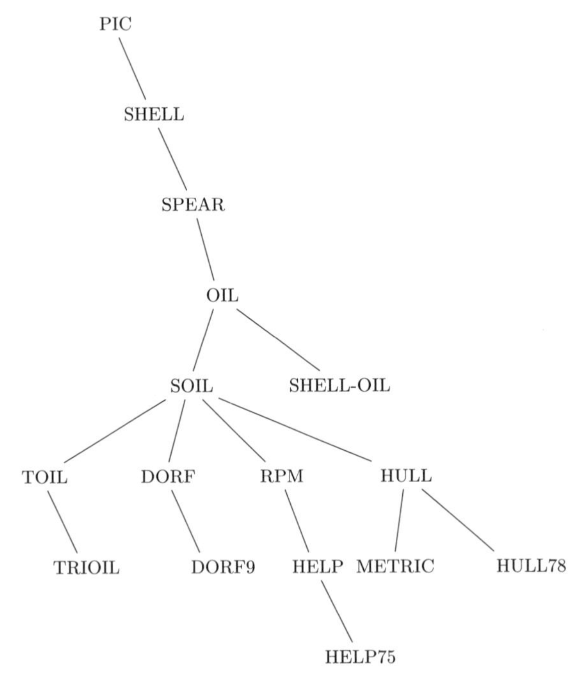

図 1.2　各オイラー型ハイドロコードの関係

表 1.1　オイラー型ハイドロコードの発展

コード名	著者	西暦	概要
PIC	Evans and Harlow	1957	2 次元コード，最初のオイラー型ハイドロコード
SHELL	Johnson	1959	PIC の改良版
SPEAR	Johnson	1963	SHELL の改良版
OIL	Walsh and Johnson	1965	粒子でなくセル密度を使用
TOIL	Johnson	1967	2 材料に対応した OIL
TRIOIL	Johnson	1967	3 次元 OIL，単一材料
RPM	Dienes, et al.	1968	剛性かつ完全塑性の材料モデルを用いた OIL 法
DORF	Johnson	1971	剛性かつ完全塑性の材料モデルを用いた TOIL コード
HELP	Hageman and Walsh	1971	弾塑性材料モデルおよびラグランジュインターフェースを備えた RPM
DORF9	Johnson	1971	9 材料に対応した DORF
TRIDORF	Johnson	1976	剛性かつ完全塑性の 2 材料モデルを用いた TRIOIL
HELP75	Hageman, et al.	1975	改良版 HELP
METRIC	Hageman, et al.	1976	3 次元 HELP
HULL	Durrett and Matuska	1971	核兵器の大気応答解析，単一材料
SOIL	Johnson	1977	Operator Split 法を用いた OIL
HULL78	Durrett and Osborn	1978	強度を考慮した多材料 HULL，2 次元コード

らに Durrett と Osborn によって多材料に対応した HULL78 が導入された．これらのコードの発展により，オイラー型ハイドロコードは，さまざまな材料の高速衝撃現象を扱うシミュレーション手法として確立されていった．

1990 年，米国サンディア国立研究所の McGlaun，Thompson，Elrick らによって CTH と名付けられたハイドロコードが提案された [6]．CTH は，固体の大変形・熱弾塑性・爆発・燃焼・破壊解析を目的としたオイラー型有限体積法コードであり，そのアルゴリズムはラグランジュステップとオイラーステップから構成される．ラグランジュステップでは，計算セルが物質変形に追従して変形し，オイラーステップでは変形した計算メッシュ初期のオイラーメッシュにマッピングされる．また，1992 年，カルフォルニア大学サンディエゴ校の Benson により，オイラー型有限要素法を用いたハイドロコードが提案された [7–9]．Benson によるオイラー型有限要素法においても，CTH と同様に，そのアルゴリズムはラグランジュステップとオイラーステップから構成され，ラグランジュステップでは動的陽解法に基づくラグランジュ型有限要素法コードをそのまま用いることが可能である．

1990 年代後半から 2000 年代にかけて，岡澤らによって，オイラー型有限要素法による接触解析手法 [10]，安定化有限要素法を用いた弾塑性解析手法 [11]，流体–構造統一連成解析手法 [12] が提案された．また，高木・杉山・伊井らは有限差分法に基づくオイラー型流体–構造連成解法を開発し，循環器系のバイオメカニクス問題に適用した [13–15].

以上のように，オイラー型解法は，PIC から始まり，さまざまな改良と拡張を経て，より複雑で多様な物理現象をシミュレートできるように発展してきた．ただし，物質界面に加えて物質の履歴依存変数・運動量・エネルギーなどの各種の物理量に関する移流方程式を計算する必要があるため，移流による数値拡散が生じやすく，ラグランジュ型解法と比較して計算コストは高くなる．

1.3 ハイブリッド型解法

ラグランジュ型解法およびオイラー型解法はいずれも，それぞれ異なる利点と欠点を持っているため，両手法の欠点を互いに補完しうる代表的なアプローチとして，ALE 型解法および MPM について概説する．

1.3.1 ALE 型解法

ALE (arbitrary Lagrangian-Eulerian) **型解法**は，1960 年代に有限差分法と有限体積法の枠組みにおいて提案され [16,17]，1980 年頃に ALE 型の有限要素法が Belytschko および Huges らによって提案された [18,19]．これらの ALE 型解法では，計算要素の破綻を回避しながら物質界面を高精度に追跡できるよう，計算メッシュを物質の変形・流動とともに変形させたり，物質の変形・流動とは独立に変形させたり，あるいは空間に固定することが可能である．特に流体–構造連成問題では，流体と構造の界面を一致させた計算メッシュを用いることができるため，界面における物理条件を高精度にモデル化できる利点がある．しかしながら，ALE 型解法でも基礎方程式に移流項が存在するため，移流による各種の物理量の数値拡散は生じる．さらに，ALE 型解法で 3 次元問題を取り扱う場合，計算メッシュを制御する方法は自明ではなく，挑戦的な問題であるといえる．

1.3.2 MPM

MPM (material point method) は，1994 年に Sulsky らによって初めて提案された数値計算法である [20]．この方法は，PIC 法に着想を得ている．PIC 法の派生的手法である FLIP (fluid-implicit-particle) 法 [21] を固体解析に拡張したものとして提案された [20]．FLIP 法と異なる点は，ラグランジュ粒子上で固体の構成方程式が計算されること，および弱形式で定式化され有限要素法と同様な空間離散化が行われる点である．変形履歴依存変数はラグランジュ粒子に保持されるため，それらの数値拡散は回避される．その後，MPM は固体解析にとどまらず，流体–構造連成解析やコンピュータ・グラフィックスへの適用にまで広がっている．

なお，MPM はラグランジュ粒子とオイラーメッシュを組み合わせて使用するため，ハイブリッド型と見ることもできるが，文献によってはメッシュフリー法として分類されることもある．

既往の研究で MPM を流体–構造連成解析へ適用する場合，流体と構造をすべて MPM で計算する方法，固体の MPM ソルバーと他の流体ソルバーをカップリングする方法が提案されているが，MPM が必ずしも流体解析に適した方法でない問題，および異なるソルバーのカップリングに煩雑な手続きを必要とする問題がある．

1.4 メッシュフリー法

メッシュフリー法とは，ラグランジュ型解法やオイラー型解法のように，事前に定義した計算メッシュを用いない数値解析手法の総称であり，多くの手法が提案されている．物質の大変形において計算メッシュが破綻しない点，き裂進展を表現しやすいなどの特長を有する．

1977 年に Lucy，Gingold，Monaghan らが天体物理学における問題の数値解析のために提案した SPH (smoothed particle hydrodynamics) 法 [22–24] は最初期のメッシュフリー法であり，物体領域はラグランジュ粒子によって表現される．その後，超高速衝突問題などの大変形を伴う固体解析や流体解析に適用され，PAM-

CRASH や LS-DYNA などの商用構造解析ソルバーにも実装されるに至っている．Ma ら (2009) は MPM と SPH 法の比較研究を行い，いくつかの点で両者に大きな違いがあることを指摘している [25]．第一に，近傍粒子を探索するプロセスが，MPM では不要であるのに対して SPH 法では必要であり，これに多大な計算コストを要する．第二に，MPM は有限要素法と同じ弱定式化を用いているため，境界条件の付与が SPH 法に比べて容易である．

SPH 法に加え，reproducing kernel particle method (RKPM) [26]，finite point method [27]，element-free Galerkin (EFG) 法 [28]，moving particle semi-implicit (MPS) 法 [29]，peridynamics (PD) [30] など数多くのメッシュフリー法が提案されているが，これらの詳細についてはレビュー論文 [31–33] などを参照されたい．

1.5　本書の構成

本書の構成と各章の要点は以下の通りである．

2 章　固体と流体を連続体力学の枠組みで記述し，その基礎方程式について説明する．ラグランジュ表示とオイラー表示を運動の記述法として紹介し，連続の式と平衡方程式を導出する．これらの基礎方程式の体積平均化・混合化により複数の物質をオイラー表示で統一的に記述する定式化を解説する．さらに，オイラー表示で固体変形を記述するための定式化を説明する．

3 章　完全オイラー型構造解析の基盤となる理論と計算手法を解説する．完全オイラー型構造解析は，物体界面を体積率などのスカラー関数で記述するため，並列化効率を向上させやすいアプローチである．ただし，物体界面の数値拡散が課題となる．そこで，本章では物体界面の数値拡散の抑制に有効である 3 次元 PLIC 法のアルゴリズムを詳述する．また，ベンチマーク問題を通じてその妥当性と精度を検証する．さらに，固体変形やエネルギー収支の評価を通じて，この手法の適用範囲と可能性について論じる．

4 章　マーカー粒子を用いたオイラー型構造解析手法について解説する．完全オイラー型解法で 3 次元 PLIC 法のような高精度な界面捕捉法を導入したとしても，自動車構造や土木建築構造のように，急峻な界面を有する構造の数値シミュレーションは難しい．本章で紹介する手法は，完全オイラー型構造解析が抱える固体界面の境界条件設定や数値拡散の問題を根本的に解決するものである．具体的には，ラグランジュ表示のマーカー粒子を導入することで，固体の位置や内部変数を計算し，数値拡散を抑えつつオイラー型構造解析の適用範囲を拡大することが可能となる．著者らが取り組んだ複数の数値解析例を通じて，完全オイラー型構造解析では困難であった数値解析が実施できることを示すとともに，その妥当性についても論じる．

5章　階層直交メッシュを用いた超並列計算法について，その理論的背景と応用例を解説する．本手法は計算領域を階層的に分割し，効率的な並列処理を実現するビルディング・キューブ法 (BCM) に基づいている．BCM は，適合格子細分化法の一種であり，優れた並列計算性能を発揮する．本章では，著者らが取り組んだ複数の数値解析例を通じて，提案手法の有効性や並列化効率を論じる．

6章　力学的パラメータに基づく 3D 形状生成を可能にする深層生成モデルについて解説する．本手法は符号付き距離関数 (SDF) を用いる DeepSDF を基盤とし，力学的パラメータを条件として形状生成を行う点に特徴がある．近年注目される画像生成 AI や text-to-3D モデルにおける限界を克服するため，力学的特性を反映したデータセットの必要性が指摘されており，オイラー型構造解析は，メッシュ生成が自動かつ高速であることから，このような大規模なデータセットの作成に適している．力学的パラメータに基づく 3D 形状生成は，構造設計の効率化や柔軟性向上を可能にし，構造設計の新たな方向性を示している．また，訓練済み生成モデルの検証を通じて，汎化性能や力学的パラメータを条件とした 3D 生成精度の高さが確認されており，本手法が将来の構造設計に与える可能性についても考察している．

2 基礎方程式

2.1 連続体の基礎方程式

本章では，固体と流体を連続体力学の枠組みで記述し，その基礎方程式について説明する．ラグランジュ表示とオイラー表示を運動の記述法として紹介し，連続の式と平衡方程式を導出する．これらの基礎方程式の体積平均化・混合化により複数の物質をオイラー表示で統一的に記述する定式化を解説する．さらに，オイラー表示で固体変形を記述するための定式化を説明する．

2.2 連続体の運動の記述法

連続体の運動の記述法には，ラグランジュ表示とオイラー表示がある．固体の運動にはラグランジュ表示が，流体の運動にはオイラー表示が一般に用いられている．以下でこれらの記述法および物質時間導関数について説明する．連続体力学の基礎については，文献 [34–41] を参照されたい．

2.2.1 ラグランジュ表示とオイラー表示

ラグランジュ表示は，連続体を構成する物質点の運動を追尾しながら，連続体内部に分布する物理量を記述する方法である．ラグランジュ表示は**物質表示**とも呼ばれる．粒子の時間発展を追尾する形式をとるニュートン力学と同じように，連続体が物質点という粒子から構成されるという立場に立てば，その記述法の 1 つに物質点の時間発展を追尾する方法があると考えるのは自然である．ここで，連続体内部に分布する任意の物理量 Ψ を考える．ただし Ψ はスカラー値関数，ベクトル値関数，テンソル値関数のいずれかである．ラグランジュ表示では，物理

量 Ψ を物質点の初期の位置ベクトル $\boldsymbol{X}$ および時刻 t の関数として，次式のように表す．

$$\Psi = \Psi(\boldsymbol{X}, t) \tag{2.1}$$

ここで，物質点の初期の位置ベクトル $\boldsymbol{X}$ を，連続体を構成する各々の物質点を区別するラベルとみなすことができる．つまり $\boldsymbol{X}$ を固定することはある 1 つの物質点に着目することを意味し，$\boldsymbol{X}$ を変化させることはある物質点から別の物質点に着目点を変えることを意味する．よって，$\Psi(\boldsymbol{X}, t)$ は時刻 t における物質点 $\boldsymbol{X}$ に付随する物理量を表している．

一方，**オイラー表示**は，連続体内部に分布する物理量を場の量[*1]として記述する方法である．オイラー表示は**空間表示**とも呼ばれる．オイラー表示では，物理量 Ψ を 3 次元空間内の位置ベクトル $\boldsymbol{x}$ と時刻 t の関数として，次式のように表す．

$$\Psi = \Psi(\boldsymbol{x}, t) \tag{2.2}$$

すなわち，$\Psi(\boldsymbol{x}, t)$ は時刻 t において 3 次元空間内の位置 $\boldsymbol{x}$ に存在する物理量を表している．時刻 t において位置 $\boldsymbol{x}$ に存在する物質点は，次の時刻 $t + \Delta t$ には別の位置に移動する．よって，同じ位置 $\boldsymbol{x}$ における次の時刻の物理量 $\Psi(\boldsymbol{x}, t + \Delta t)$ は，位置 $\boldsymbol{x}$ に移動してきた別の物質点に付随する物理量の値になる．このように，オイラー表示では物質点の運動を追尾せず，連続体内部に分布する物理量を場の量として扱う．

前述したように，流体力学ではオイラー表示が一般に用いられ，物質点の初期の位置ベクトル $\boldsymbol{X}$ は未知で，物質点を識別しないことが多い．したがって，$\boldsymbol{X}$ を用いるラグランジュ表示は不便であるため，オイラー表示が一般に用いられる．一方，固体力学ではラグランジュ表示が一般に用いられる．固体力学では，構成方程式で固体の変形（ひずみ）を評価する際，物質点の初期の位置ベクトル $\boldsymbol{X}$ が必要になる．そのため，固体力学では $\boldsymbol{X}$ を用いるラグランジュ表示により理論を構成することが多い．一方，本書のように固体もオイラー表示により記述する場合は，固体変形の評価に工夫が必要となる．

---

*1　空間の各点に応じて，ある物理量が 1 つ決まるとき，この対応を場と呼ぶ [42]．場は物理量のテンソル特性によってスカラー場，ベクトル場，テンソル場に分けられる．

物質時間導関数

連続体力学では，しばしば物理量の時間変化率に着目する．その着目する物理量は連続体を構成する物質点に付随している．したがって，物質点の運動を追尾しながら，物理量の時間変化を評価するのが自然である．このように，物質点に着目して観察する時間変化率を**物質時間導関数**といい，この微分演算を D/Dt またはドット（ $\dot{}$ ）で表す．この演算は，対象とする関数について，物質点 $\boldsymbol{X}$ を固定し時間 t で微分することを意味している．すなわち，ラグランジュ表示の物理量 $\Psi(\boldsymbol{X},t)$ の物質時間導関数は次式で定義される．

$$\frac{D\Psi}{Dt} = \left.\frac{\partial}{\partial t}\Psi(\boldsymbol{X},t)\right|_{\boldsymbol{X}} \tag{2.3}$$

一方，時刻 t における物質点 $\boldsymbol{X}$ の位置ベクトルを $\boldsymbol{x}(\boldsymbol{X},t) = (x_1(\boldsymbol{X},t), x_2(\boldsymbol{X},t), x_3(\boldsymbol{X},t))$ とすれば，オイラー表示の物質時間導関数は次式で表せる．

$$\begin{aligned}
\frac{D\Psi}{Dt} &= \left.\frac{\partial}{\partial t}\Psi\left(\boldsymbol{x}(\boldsymbol{X},t),t\right)\right|_{\boldsymbol{X}} \\
&= \frac{\partial\Psi\left(\boldsymbol{x}(\boldsymbol{X},t),t\right)}{\partial x_i}\left.\frac{\partial x_i(\boldsymbol{X},t)}{\partial t}\right|_{\boldsymbol{X}} + \left.\frac{\partial\Psi\left(\boldsymbol{x}(\boldsymbol{X},t),t\right)}{\partial t}\right|_{\boldsymbol{x}} \\
&= \left.\frac{\partial\Psi\left(\boldsymbol{x}(\boldsymbol{X},t),t\right)}{\partial t}\right|_{\boldsymbol{x}} + v_i\left.\frac{\partial\Psi\left(\boldsymbol{x}(\boldsymbol{X},t),t\right)}{\partial x_i}\right|_{\boldsymbol{X}}
\end{aligned} \tag{2.4}$$

ただし，式 (2.4) では i について総和規約を適用しており，式 (2.4) の v_i は次式で定義しているように物質点 $\boldsymbol{X}$ の速度ベクトルを表している．

$$v_i = \left.\frac{\partial x_i(\boldsymbol{X},t)}{\partial t}\right|_{\boldsymbol{X}} \tag{2.5}$$

式 (2.4) の右辺第 1 項は**空間時間導関数**と呼ばれ，3 次元空間に固定されたある点 $\boldsymbol{x}$ における物理量 Ψ の時間変化率を表す．以上より，物質時間導関数と空間時間導関数について，一般に演算子の関係式

$$\frac{D}{Dt} = \frac{\partial}{\partial t} + \boldsymbol{v}\cdot\nabla \tag{2.6}$$

が成立することがわかる．なお，$\nabla = \partial/\partial x_i$ である．

2.3 保　存　則

連続体力学における保存則には，質量保存の法則，運動量保存の法則，角運動量保存の法則，エネルギー保存の法則がある．本節では，物質の不生不滅を表現する質量保存の法則と運動方程式に対応する運動量保存の法則について説明する．

2.3.1 質量保存の法則

物質の質量 m は，質量密度を ρ，物質の占める領域を v として，

$$m = \int_v \rho \, dv \tag{2.7}$$

により与えられる．**質量保存の法則**は，質量 m が時間に依存せず，変形後も一定，すなわち

$$\frac{Dm}{Dt} = 0 \tag{2.8}$$

が成立することを述べている．D/Dt は，物質時間導関数である．変形前の体積を dV，変形後の体積を dv，**変形勾配テンソル**を $\boldsymbol{F}$ とする．このとき，これらの間には，

$$dv = (\det \boldsymbol{F}) dV \tag{2.9}$$

なる関係が成り立つ．ここで，$\det \boldsymbol{F}$ は体積変化率を表し，

$$\det \boldsymbol{F} \equiv J \tag{2.10}$$

とする．式 (2.9)，(2.10) より，式 (2.7) は

$$m = \int_v \rho J \, dV \tag{2.11}$$

と書き換えられる．これを式 (2.8) に代入すると，

$$\begin{aligned}\int_v \left(\frac{D\rho}{Dt} J + \rho \frac{DJ}{Dt} \right) dV &= \int_v \left(\frac{D\rho}{Dt} J + J\rho \operatorname{tr} \boldsymbol{L} \right) dV \\ &= \int_v \left(\frac{D\rho}{Dt} + \rho \operatorname{tr} \boldsymbol{L} \right) J \, dV = \int_v \left(\frac{D\rho}{Dt} + \rho \nabla \cdot \boldsymbol{v} \right) dv = 0\end{aligned} \tag{2.12}$$

となる．ただし，$\boldsymbol{v}$ は物質点の速度ベクトル，$\boldsymbol{L}$ は**速度勾配テンソル**を表す．上式は物質の任意の一部分についても成り立つことから，

$$\frac{D\rho}{Dt} + \rho\nabla\cdot\boldsymbol{v} = 0 \tag{2.13}$$

を得る．式 (2.13) は**連続の式**と呼ばれる．非圧縮性物質の場合，質量密度 ρ の物質時間導関数はゼロとなることより，連続の式は次式になる．

$$\nabla\cdot\boldsymbol{v} = 0 \tag{2.14}$$

2.3.2 運動量保存の法則

物質に作用する力には，物体力 $\boldsymbol{b}$ と表面力 $\boldsymbol{t}$ がある．ただし，$\boldsymbol{b}$ は単位質量当たりの物体力，$\boldsymbol{t}$ は単位面積当たりの表面力とする．**運動量保存の法則**により，物質全体における物体力と表面力の和と運動量の物質時間導関数は次式のように等値される．

$$\frac{D}{Dt}\left(\int_v \rho\boldsymbol{v}\,dv\right) = \int_v \rho\boldsymbol{b}\,dv + \int_s \boldsymbol{t}\,ds \tag{2.15}$$

式 (2.15) において，$\int_v \rho\boldsymbol{v}\,dv$ は物質全体の運動量の物質時間導関数，$\int_v \rho\boldsymbol{b}\,dv$ は物質全体における物体力の総和，$\int_s \boldsymbol{t}\,ds$ は物質全体における表面力の総和を意味している．式 (2.15) は**オイラーの第 1 運動法則**と呼ばれる．ここで，式 (2.15) の左辺は以下のように変形される．

$$\begin{aligned}
\frac{D}{Dt}\left(\int_v \rho\boldsymbol{v}\,dv\right) &= \frac{D}{Dt}\left(\int_v \rho\boldsymbol{v}J dV\right) \\
&= \int_v \left(\frac{D\rho}{Dt}\boldsymbol{v}J + \rho\frac{D\boldsymbol{v}}{Dt}J + \rho\boldsymbol{v}\frac{DJ}{Dt}\right) dV \\
&= \int_v \rho\frac{D\boldsymbol{v}}{Dt}J\,dV + \int_v \left(\frac{D\rho}{Dt}\boldsymbol{v}J + \rho\boldsymbol{v}(\nabla\cdot\boldsymbol{v})J\right) dV \\
&= \int_v \rho\frac{D\boldsymbol{v}}{Dt}\,dv + \int_v \left(\frac{D\rho}{Dt}\boldsymbol{v} + \rho\boldsymbol{v}(\nabla\cdot\boldsymbol{v})\right) dv \\
&= \int_v \rho\frac{D\boldsymbol{v}}{Dt}\,dv + \int_v \boldsymbol{v}\left(\frac{D\rho}{Dt} + \rho\nabla\cdot\boldsymbol{v}\right) dv \\
&= \int_v \rho\frac{D\boldsymbol{v}}{Dt}\,dv
\end{aligned} \tag{2.16}$$

また，式 (2.15) の右辺第 2 項は以下のように変形される．

$$\int_s \boldsymbol{t}\, ds = \int_s \boldsymbol{\sigma}^T \cdot \boldsymbol{n}\, ds = \int_v \nabla \cdot \boldsymbol{\sigma}\, dv \tag{2.17}$$

ここで，$\boldsymbol{\sigma}$ はコーシー応力，$\boldsymbol{n}$ は任意面 s 上の外向き単位法線ベクトルであり，コーシーの公式とガウスの発散定理を用いた．**コーシーの公式**とは，任意面の表面力（応力ベクトル）$\boldsymbol{t}$ が，任意面の外向き単位法線ベクトル $\boldsymbol{n}$ のコーシー応力テンソル $\boldsymbol{\sigma}$ による線形変換

$$\boldsymbol{t} = \boldsymbol{\sigma}^T \cdot \boldsymbol{n} \tag{2.18}$$

により求められることを述べている．なお，**角運動量保存の法則**により，

$$\boldsymbol{\sigma}^T = \boldsymbol{\sigma} \tag{2.19}$$

なる関係式が成り立つことが要請される．つまりコーシー応力は対称テンソルである．

以上の式 (2.16)，(2.17) より，オイラーの第 1 運動法則 (2.15) は以下のように書き換えられる．

$$\int_v \rho \frac{D\boldsymbol{v}}{Dt}\, dv = \int_v (\rho \boldsymbol{b} + \nabla \cdot \boldsymbol{\sigma})\, dv \tag{2.20}$$

$$\int_v \rho \left(\frac{D\boldsymbol{v}}{Dt} - \boldsymbol{b} - \frac{1}{\rho} \nabla \cdot \boldsymbol{\sigma} \right) dv = 0 \tag{2.21}$$

上式は物質の任意の一部分についても成り立つことから，

$$\rho \frac{D\boldsymbol{v}}{Dt} = \nabla \cdot \boldsymbol{\sigma} + \rho \boldsymbol{b} \tag{2.22}$$

$$\rho \boldsymbol{a} = \nabla \cdot \boldsymbol{\sigma} + \rho \boldsymbol{b} \tag{2.23}$$

を得る．ここで，$\boldsymbol{a}$ は物質点の加速度ベクトルである．式 (2.23) は，**コーシーの第 1 運動法則**または**平衡方程式**と呼ばれる．

2.4 構成方程式

前節で説明した保存則は，物質の性質に無関係かつ普遍的に成立する法則である．しかし，保存則から導かれる方程式だけでは方程式系は閉じず，連続体の運動を記述することはできない．この自由度がいろいろな物質が存在しうる余地を

与える．物質の応力と変形の関係式である構成方程式を導入することで方程式系は閉じられ，連続体の運動が記述される．本書では，固体については，大変形を生じる固体を記述するため最も単純な超弾性体モデルであるネオフック体の構成方程式を，そして流体については水などの液体や音速に比べて流速が小さい気体を取り扱うため非圧縮性ニュートン流体の構成方程式について概説する．なお，オイラー型構造解析では，数値解析の目的に応じて，弾塑性体や粘弾性体など，任意の構成方程式を用いることが可能である．

2.4.1 超弾性体

超弾性体とは，次式のように，変形やひずみの成分によって微分されることにより共役な応力成分を生じる弾性ポテンシャル関数 W が存在する物質である．

$$\boldsymbol{S} = \frac{\partial W}{\partial \boldsymbol{E}} \tag{2.24}$$

ここで，$\boldsymbol{S}$ は**第 2 ピオラ–キルヒホッフ応力テンソル**，$\boldsymbol{E}$ は**グリーン–ラグランジュひずみテンソル**である．$\boldsymbol{S}$ と $\boldsymbol{E}$ は双方とも観測不変テンソル[*2]で，W はスカラー量であることより，超弾性体の構成方程式 (2.24) は観測者によらず同一であり，物質客観性の原理[*3]を満たしている．本書では，**右コーシー–グリーン変形テンソル** $\boldsymbol{C}$ ひいては**左コーシー–グリーン変形テンソル** $\boldsymbol{B}$ を用いて構成方程式 (2.24) の定式化を進めることにする．まず，$\boldsymbol{E} = (\boldsymbol{C} - \boldsymbol{I})/2$ であることより，式 (2.24) を次式のように変形する．

$$\boldsymbol{S} = 2\frac{\partial W}{\partial \boldsymbol{C}} \tag{2.25}$$

一般に**弾性ポテンシャル関数**は，右コーシー–グリーン変形テンソル $\boldsymbol{C}$ の主不変量 $I_{\boldsymbol{C}}$，$II_{\boldsymbol{C}}$，$III_{\boldsymbol{C}}$ の関数として与えられることより，偏微分の連鎖律の公式を用いて，

$$\boldsymbol{S} = 2\left(\frac{\partial W}{\partial I_{\boldsymbol{C}}}\frac{\partial I_{\boldsymbol{C}}}{\partial \boldsymbol{C}} + \frac{\partial W}{\partial II_{\boldsymbol{C}}}\frac{\partial II_{\boldsymbol{C}}}{\partial \boldsymbol{C}} + \frac{\partial W}{\partial III_{\boldsymbol{C}}}\frac{\partial III_{\boldsymbol{C}}}{\partial \boldsymbol{C}}\right) \tag{2.26}$$

---

*2 連続体力学における観測不変テンソルとは，観測者が異なる座標系を用いて物体や運動を記述しても，その値が変化しないテンソルを指す．

*3 物質客観性の原理とは，物質の挙動が観測者の座標系の選択によって変わらない，普遍的な形で記述されるべきだとする原理である．例えば，物体がどのように回転したり移動したりしても，物質の応力や変形の本質的な性質は変わらないように，構成方程式を定める必要がある．

と表すことができる．$\boldsymbol{C}$ の主不変量の $\boldsymbol{C}$ に関する偏微分がそれぞれ

$$\frac{\partial I_{\boldsymbol{C}}}{\partial \boldsymbol{C}} = \boldsymbol{I} \tag{2.27}$$

$$\frac{\partial II_{\boldsymbol{C}}}{\partial \boldsymbol{C}} = I_{\boldsymbol{C}}\boldsymbol{I} - \boldsymbol{C} \tag{2.28}$$

$$\frac{\partial III_{\boldsymbol{C}}}{\partial \boldsymbol{C}} = III_{\boldsymbol{C}}\boldsymbol{C}^{-1} \tag{2.29}$$

となることを用いれば，式 (2.26) は次式になる．

$$\boldsymbol{S} = 2\left\{\left(\frac{\partial W}{\partial I_{\boldsymbol{C}}} + \frac{\partial W}{\partial II_{\boldsymbol{C}}} I_{\boldsymbol{C}}\right)\boldsymbol{I} - \frac{\partial W}{\partial II_{\boldsymbol{C}}}\boldsymbol{C} + \frac{\partial W}{\partial III_{\boldsymbol{C}}} III_{\boldsymbol{C}}\boldsymbol{C}^{-1}\right\} \tag{2.30}$$

$\boldsymbol{\sigma} = \boldsymbol{F} \cdot \boldsymbol{S} \cdot \boldsymbol{F}^T / J$ および $I_{\boldsymbol{C}} = I_{\boldsymbol{B}}$，$II_{\boldsymbol{C}} = II_{\boldsymbol{B}}$，$III_{\boldsymbol{C}} = III_{\boldsymbol{B}}$ が成り立つことより，式 (2.30) は

$$\boldsymbol{\sigma} = \frac{2}{J}\left\{\frac{\partial W}{\partial III_{\boldsymbol{B}}} III_{\boldsymbol{B}}\boldsymbol{I} + \left(\frac{\partial W}{\partial I_{\boldsymbol{B}}} + \frac{\partial W}{\partial II_{\boldsymbol{B}}} I_{\boldsymbol{B}}\right)\boldsymbol{B} - \frac{\partial W}{\partial II_{\boldsymbol{B}}}\boldsymbol{B} \cdot \boldsymbol{B}\right\} \tag{2.31}$$

と表せる．式 (2.31) のように，超弾性体の構成方程式はコーシー応力 $\boldsymbol{\sigma}$ と左コーシー–グリーン変形テンソル $\boldsymbol{B}$ を用いて表せる．以上の定式化は圧縮性超弾性体に対するものであり，非圧縮性が仮定されれば，式 (2.31) は次式のように修正される．すなわち，主不変量のうち $III_{\boldsymbol{B}} = 1$ となることから，弾性ポテンシャル関数 W は $I_{\boldsymbol{B}}$，$II_{\boldsymbol{B}}$ のみの関数となること，および $J = 1$ を考慮して次のようになる．

$$\boldsymbol{\sigma} = 2\left(\frac{\partial W}{\partial I_{\boldsymbol{B}}} + \frac{\partial W}{\partial II_{\boldsymbol{B}}} I_{\boldsymbol{B}}\right)\boldsymbol{B} - 2\frac{\partial W}{\partial II_{\boldsymbol{B}}}\boldsymbol{B} \cdot \boldsymbol{B} - p\boldsymbol{I} \tag{2.32}$$

ここで，p は不定圧力であり，応力の体積成分は物質点の運動の履歴からは定めることはできず，非圧縮性条件により決定される．このように，非圧縮性物質では等積変形のみが可能であり，応力決定の原理[*4]は制約を受ける．

非圧縮性ネオフック体は，次式で定義される弾性ポテンシャル関数を持つ物質である．

$$W = c_1(I_{\boldsymbol{C}} - 3) = c_1(I_{\boldsymbol{B}} - 3) \tag{2.33}$$

*4　応力決定の原理とは，物体内の応力状態が，その局所的な変形や運動の状態，そして物質の特性に基づいて一意に決まるという原理である．ただし，非圧縮性物質の場合，局所的な変形状態だけでは圧力を一意に定めることができず，境界条件や全体的な平衡状態など，より広域的な条件を考慮する必要が生じる．したがって，非圧縮性物質では圧力が応力決定の原理に対してある種の制約を与えることになり，局所的な変形特性のみでは応力状態は決まらない．

式 (2.33) において，c_1 は実験により定められる定数であり，微小変形時にはフック則のせん断弾性係数 G との間に $c_1 = G/2$ なる関係が成り立つ．非圧縮性ネオフック体の弾性ポテンシャル関数 (2.33) を非圧縮性超弾性体の構成方程式 (2.32) に代入することにより，非圧縮性ネオフック体の構成方程式は次式になる．

$$\boldsymbol{\sigma} = G\boldsymbol{B} - p\boldsymbol{I} \tag{2.34}$$

2.4.2　非圧縮性ニュートン流体

ニュートン流体とは，せん断応力がせん断変形に比例するという法則に従う流体であり，構成方程式は次式で与えられる．

$$\boldsymbol{\sigma} = 2\mu\boldsymbol{D} + \left\{-p + \left(\kappa - \frac{2}{3}\mu\right)\mathrm{tr}\boldsymbol{D}\right\}\boldsymbol{I} \tag{2.35}$$

ここで，μ は粘性係数，$\boldsymbol{D}$ は**変形速度テンソル**，p は流体の圧力，κ は体積粘性率である．非圧縮性物質の場合，$\mathrm{tr}\boldsymbol{D} = 0$ が成り立つことにより，構成方程式は以下のようになる．

$$\boldsymbol{\sigma} = 2\mu\boldsymbol{D} - p\boldsymbol{I} \tag{2.36}$$

ここで，圧力 p は非圧縮性ネオフック体と同様に不定であり，3 章で説明するように非圧縮条件により圧力ポアソン方程式を導入して求める．

2.5　体積平均化・混合化

本節では，連続の式と平衡方程式の体積平均化・混合化について説明する．オイラー型構造解析では，空間に固定された計算メッシュを用いるため，物体界面近傍の計算セルでは複数の物質が存在することになる．そのため，物体界面近傍の計算セルに存在する複数の物質を統一的に定式化する必要がある．D. J. Benson らは，複数の物質に対して，同一のひずみ速度や応力速度を仮定する mixture theory [8] を用いているが，その理論的根拠は不明瞭である．そこで本書では，混相流の分野で培われてきた体積平均化・混合化手法を活用し [43]，複数の物質の基礎方程式を統一的に定式化する．

2.5.1　体積平均値の定義

3 次元ユークリッド空間内の検査体積 $(x-\Delta x/2 \le \bar{x} \le x+\Delta x/2,\ y-\Delta y/2 \le \bar{y} \le y+\Delta y/2,\ z-\Delta z/2 \le \bar{z} \le z+\Delta z/2)$ における，ある物理量 $\psi(x,y,z)$ の体積平均値を次式のように定義する．ただし，$\psi(x,y,z)$ はスカラー量，ベクトル量，テンソル量のいずれかであるとする．

$$\langle\psi\rangle(x,y,z) = \frac{1}{\Delta x \Delta y \Delta z}\int_{x-\Delta x/2}^{x+\Delta x/2}\int_{y-\Delta y/2}^{y+\Delta y/2}\int_{z-\Delta z/2}^{z+\Delta z/2}\psi(\bar{x},\bar{y},\bar{z})\ d\bar{x}d\bar{y}d\bar{z} \quad (2.37)$$

ここで，検査体積内の物質 i の存在する領域を Ω_i としたとき，

$$I_i(x,y,z) = \begin{cases} 1 & \text{if } (x,y,z) \in \Omega_i \\ 0 & \text{if } (x,y,z) \notin \Omega_i \end{cases} \quad (2.38)$$

なる**指示関数**を定義する．すなわち，この関数は検査体積内において物質 i が存在する領域では 1，存在しない領域では 0 の値をとる．この指示関数を用いれば，検査体積中の物質 i の体積率は次式になる．

$$\phi_i = \langle I_i \rangle \quad (2.39)$$

さらに，物質 i の存在する領域 Ω_i における $\psi(x,y,z)$ の体積平均値（相体積平均値）を次式のように定義する．

$$\bar{\psi}_i = \frac{\langle I_i \psi \rangle}{\phi_i} \quad (2.40)$$

以上で定義した体積平均値 $\langle\psi\rangle$，指示関数 I_i，体積率 ϕ_i，相体積平均値 $\bar{\psi}_i$ を用いて，以下で連続の式および平衡方程式の平均化を行う．

2.5.2　連続の式の平均化

検査体積中に n 個の物質領域が存在するとき，n 個の物質に対する連続の式は，指示関数 (2.38) を用いれば

$$\sum_{i=1}^{n} I_i \nabla \cdot \boldsymbol{v}_i = 0 \quad (2.41)$$

と表すことができる．ここで，

$$\nabla \cdot (I_i \boldsymbol{v}_i) = I_i \nabla \cdot \boldsymbol{v}_i + \boldsymbol{v}_i \cdot \nabla I_i \quad (2.42)$$

なる関係が成り立つことにより，式 (2.41) を次式のように変形する．

$$\nabla \cdot \left(\sum_{i=1}^{n} I_i \boldsymbol{v}_i \right) - \sum_{i=1}^{n} \boldsymbol{v}_i \cdot \nabla I_i = 0 \tag{2.43}$$

また，指示関数 I_i の物質時間導関数がゼロとなることから，

$$\frac{DI_i}{Dt} = 0 \tag{2.44}$$

$$\frac{\partial I_i}{\partial t} + \boldsymbol{v}_i \cdot \nabla I_i = 0 \tag{2.45}$$

なる指示関数 I_i の移流方程式が成り立つ．式 (2.45) より，式 (2.43) は次式のように変形される．

$$\nabla \cdot \left(\sum_{i=1}^{n} I_i \boldsymbol{v}_i \right) + \sum_{i=1}^{n} \frac{\partial I_i}{\partial t} = 0$$

$$\nabla \cdot \left(\sum_{i=1}^{n} I_i \boldsymbol{v}_i \right) + \frac{\partial}{\partial t} \sum_{i=1}^{n} I_i = 0 \tag{2.46}$$

ここで，検査体積中では

$$\sum_{i=1}^{n} I_i = 1 \tag{2.47}$$

が成り立つことより，式 (2.46) は

$$\nabla \cdot \left(\sum_{i=1}^{n} I_i \boldsymbol{v}_i \right) = 0 \tag{2.48}$$

となる．式 (2.48) を検査体積において体積平均すれば，

$$\left\langle \nabla \cdot \left(\sum_{i=1}^{n} I_i \boldsymbol{v}_i \right) \right\rangle = \nabla \cdot \left(\sum_{i=1}^{n} \langle I_i \boldsymbol{v}_i \rangle \right) = \nabla \cdot \left(\sum_{i=1}^{n} \phi_i \overline{\boldsymbol{v}}_i \right) = 0 \tag{2.49}$$

となる．ここで，各物質の速度を体積率で平均した速度について

$$\boldsymbol{v}_{\mathrm{mix}} = \sum_{i=1}^{n} \phi_i \overline{\boldsymbol{v}}_i \tag{2.50}$$

とおけば，

$$\nabla \cdot \boldsymbol{v}_{\mathrm{mix}} = \boldsymbol{0} \tag{2.51}$$

となり，平均化された連続の式が得られる．

2.5.3 平衡方程式の平均化

検査体積中に n 個の物質領域が存在するとき，n 個の物質に対する平衡方程式は，指示関数 (2.38) を用いれば

$$\sum_{i=1}^{n} I_i \rho_i \frac{D\boldsymbol{v}_i}{Dt} = \sum_{i=1}^{n} I_i \nabla \cdot \boldsymbol{\sigma}_i + \left(\sum_{i=1}^{n} I_i \rho_i \right) \boldsymbol{b} \tag{2.52}$$

と表すことができる．平衡方程式 (2.52) を検査体積において平均化すれば，

$$\left\langle \sum_{i=1}^{n} I_i \rho_i \frac{D\boldsymbol{v}_i}{Dt} \right\rangle = \left\langle \sum_{i=1}^{n} I_i \nabla \cdot \boldsymbol{\sigma}_i \right\rangle + \left\langle \left(\sum_{i=1}^{n} I_i \rho_i \right) \boldsymbol{b} \right\rangle \tag{2.53}$$

となる．

物質時間微分項

まず，式 (2.53) の物質時間微分項について考える．物質時間微分項の物質 i についての体積平均値は以下のように表すことができる．

$$\begin{aligned}
\left\langle I_i \rho_i \frac{D\boldsymbol{v}_i}{Dt} \right\rangle &= \left\langle I_i \rho_i \left(\frac{\partial \boldsymbol{v}_i}{\partial t} + (\boldsymbol{v}_i \cdot \nabla) \boldsymbol{v}_i \right) \right\rangle \\
&= \frac{\partial}{\partial t} \langle I_i \rho_i \boldsymbol{v}_i \rangle + \nabla \cdot \langle I_i \rho_i \boldsymbol{v}_i \otimes \boldsymbol{v}_i \rangle \\
&= \frac{\partial}{\partial t} (\phi_i \rho_i \bar{\boldsymbol{v}}_i) + \nabla \cdot (\phi_i \rho_i \overline{\boldsymbol{v}_i \otimes \boldsymbol{v}_i})
\end{aligned} \tag{2.54}$$

式 (2.54) において，2 次の速度相関項 $\overline{\boldsymbol{v}_i \otimes \boldsymbol{v}_i}$ [*5]の代わりに，数値解析上の変数として取り扱う $\bar{\boldsymbol{v}}_i$ を用いて移流項を表せば，

$$\left\langle I_i \rho_i \frac{D\boldsymbol{v}_i}{Dt} \right\rangle = \frac{\partial}{\partial t} (\phi_i \rho_i \bar{\boldsymbol{v}}_i) + \nabla \cdot (\phi_i \rho_i \bar{\boldsymbol{v}}_i \otimes \bar{\boldsymbol{v}}_i) - \nabla \cdot \phi_i \boldsymbol{T}_i^{\mathrm{Re}} \tag{2.55}$$

となる．ここで，$\boldsymbol{T}_i^{\mathrm{Re}}$ は平均化の際に現れる**レイノルズ応力**であり，次式で定義している．ただし，このレイノルズ応力は乱流解析で一般的に用いられるものとは異なる．

$$\boldsymbol{T}_i^{\mathrm{Re}} = -\rho_i (\overline{\boldsymbol{v}_i \otimes \boldsymbol{v}_i} - \bar{\boldsymbol{v}}_i \otimes \bar{\boldsymbol{v}}_i) \tag{2.56}$$

---

*5　ここで，$\otimes$ はテンソル積である．一般に，m 次のテンソルと n 次のテンソルのテンソル積は，$(m+n)$ 次のテンソルを生成する．詳細は文献 [42] を参照されたい．

式 (2.55) より，各物質の物質時間微分項を足し合わせると次式を得る．

$$\left\langle \sum_{i=1}^{n} I_i \rho_i \frac{D\boldsymbol{v}_i}{Dt} \right\rangle = \frac{\partial}{\partial t}\left(\sum_{i=1}^{n} \phi_i \rho_i \bar{\boldsymbol{v}}_i\right) + \nabla \cdot \left(\sum_{i=1}^{n} \phi_i \rho_i \bar{\boldsymbol{v}}_i \otimes \bar{\boldsymbol{v}}_i\right) - \nabla \cdot \sum_{i=1}^{n} \phi_i \boldsymbol{T}_i^{\mathrm{Re}} \tag{2.57}$$

ここで，

$$\rho_{\mathrm{mix}} = \sum_{i=1}^{n} \phi_i \rho_i \tag{2.58}$$

とおき，ρ_{mix} と $\boldsymbol{v}_{\mathrm{mix}}$ を用いれば，式 (2.57) は次式のように表せる．

$$\begin{aligned}\left\langle \sum_{i=1}^{n} I_i \rho_i \frac{D\boldsymbol{v}_i}{Dt} \right\rangle &= \frac{\partial \rho_{\mathrm{mix}} \boldsymbol{v}_{\mathrm{mix}}}{\partial t} + \nabla \cdot (\rho_{\mathrm{mix}} \boldsymbol{v}_{\mathrm{mix}} \otimes \boldsymbol{v}_{\mathrm{mix}}) \\ &\quad - \left[\frac{\partial(\rho_{\mathrm{mix}} \boldsymbol{v}'^{\mathrm{M}})}{\partial t} + \nabla \cdot \left(\sum_{i=1}^{n} \phi_i \boldsymbol{T}_i^{\mathrm{Re}} + \boldsymbol{T}'^{\mathrm{M}}\right)\right]\end{aligned} \tag{2.59}$$

式 (2.59) において，$\boldsymbol{v}'^{\mathrm{M}}$ と $\boldsymbol{T}'^{\mathrm{M}}$ は混合化の際に現れる速度と応力であり，それぞれ以下のように定義している．

$$\boldsymbol{v}'^{\mathrm{M}} = -\frac{1}{\rho_{\mathrm{mix}}}\left(\sum_{i=1}^{n} \phi_i \rho_i \overline{\boldsymbol{v}}_i - \rho_{\mathrm{mix}} \boldsymbol{v}_{\mathrm{mix}}\right) \tag{2.60}$$

$$\boldsymbol{T}'^{\mathrm{M}} = -\sum_{i=1}^{n} \phi_i \rho_i \overline{\boldsymbol{v}}_i \otimes \overline{\boldsymbol{v}}_i + \rho_{\mathrm{mix}} \boldsymbol{v}_{\mathrm{mix}} \otimes \boldsymbol{v}_{\mathrm{mix}} \tag{2.61}$$

ここで，物質 i の連続の式 $\nabla \cdot \boldsymbol{v}_i = 0$ が成り立つことにより，I_i の移流方程式 (2.45) を次式のように変形する．

$$\frac{\partial I_i}{\partial t} + \nabla \cdot (I_i \boldsymbol{v}_i) = 0 \tag{2.62}$$

式 (2.62) の両辺に ρ_i を乗じると

$$\rho_i \frac{\partial I_i}{\partial t} + \rho_i \nabla \cdot (I_i \boldsymbol{v}_i) = 0 \tag{2.63}$$

$$\frac{\partial(\rho_i I_i)}{\partial t} + \nabla \cdot (\rho_i I_i \boldsymbol{v}_i) = 0 \tag{2.64}$$

と表せる．ただし，ρ_i は空間的に一様であること，および物質 i の非圧縮性を仮定しているため，ρ_i が空間と時間に対して一定であることを用いた．式 (2.64) を

体積平均すれば，

$$\left\langle \frac{\partial(\rho_i I_i)}{\partial t} + \nabla \cdot (\rho_i I_i \boldsymbol{v}_i) \right\rangle = \frac{\partial(\rho_i \langle I_i \rangle)}{\partial t} + \nabla \cdot (\rho_i \langle I_i \boldsymbol{v}_i \rangle) = \frac{\partial(\rho_i \phi_i)}{\partial t} + \nabla \cdot (\rho_i \phi_i \bar{\boldsymbol{v}}_i) = 0 \tag{2.65}$$

となる．式 (2.65) について $i=1$ から n までの和をとれば，

$$\frac{\partial}{\partial t} \sum_{i=1}^{n} (\rho_i \phi_i) + \nabla \cdot \sum_{i=1}^{n} (\rho_i \phi_i \bar{\boldsymbol{v}}_i) = 0 \tag{2.66}$$

となる．式 (2.58) で定義した ρ_{mix}，式 (2.60) で定義した $\boldsymbol{v}'^{\mathrm{M}}$ を用いれば，式 (2.66) は以下のように表される．

$$\frac{\partial \rho_{\mathrm{mix}}}{\partial t} + \nabla \cdot (\rho_{\mathrm{mix}} \boldsymbol{v}_{\mathrm{mix}}) = \nabla \cdot (\rho_{\mathrm{mix}} \boldsymbol{v}'^{\mathrm{M}}) \tag{2.67}$$

式 (2.67) を用いれば，式 (2.59) は以下のように変形できる．

$$\begin{aligned}
&\left\langle \sum_{i=1}^{n} I_i \rho_i \frac{D\boldsymbol{v}_i}{Dt} \right\rangle \\
&\quad = \frac{\partial \rho_{\mathrm{mix}} \boldsymbol{v}_{\mathrm{mix}}}{\partial t} + \nabla \cdot (\rho_{\mathrm{mix}} \boldsymbol{v}_{\mathrm{mix}} \otimes \boldsymbol{v}_{\mathrm{mix}}) \\
&\qquad\qquad - \left[\frac{\partial(\rho_{\mathrm{mix}} \boldsymbol{v}'^{\mathrm{M}})}{\partial t} + \nabla \cdot \left(\sum_{i=1}^{n} \phi_i \boldsymbol{T}_i^{\mathrm{Re}} + \boldsymbol{T}'^{\mathrm{M}} \right) \right] \\
&\quad = \frac{\partial \rho_{\mathrm{mix}}}{\partial t} \boldsymbol{v}_{\mathrm{mix}} + \rho_{\mathrm{mix}} \frac{\partial \boldsymbol{v}_{\mathrm{mix}}}{\partial t} + \nabla \cdot (\rho_{\mathrm{mix}} \boldsymbol{v}_{\mathrm{mix}}) \boldsymbol{v}_{\mathrm{mix}} + (\rho_{\mathrm{mix}} \boldsymbol{v}_{\mathrm{mix}} \cdot \nabla) \boldsymbol{v}_{\mathrm{mix}} \\
&\qquad\qquad - \left[\frac{\partial(\rho_{\mathrm{mix}} \boldsymbol{v}'^{\mathrm{M}})}{\partial t} + \nabla \cdot \left(\sum_{i=1}^{n} \phi_i \boldsymbol{T}_i^{\mathrm{Re}} + \boldsymbol{T}'^{\mathrm{M}} \right) \right] \\
&\quad = \rho_{\mathrm{mix}} \left(\frac{\partial \boldsymbol{v}_{\mathrm{mix}}}{\partial t} + (\boldsymbol{u}_{\mathrm{mix}} \cdot \nabla) \boldsymbol{u}_{\mathrm{mix}} \right) + \boldsymbol{v}_{\mathrm{mix}} \left(\frac{\partial \rho_{\mathrm{mix}}}{\partial t} + \nabla \cdot (\rho_{\mathrm{mix}} \boldsymbol{v}_{\mathrm{mix}}) \right) \\
&\qquad\qquad - \left[\frac{\partial(\rho_{\mathrm{mix}} \boldsymbol{v}'^{\mathrm{M}})}{\partial t} + \nabla \cdot \left(\sum_{i=1}^{n} \phi_i \boldsymbol{T}_i^{\mathrm{Re}} + \boldsymbol{T}'^{\mathrm{M}} \right) \right] \\
&\quad = \rho_{\mathrm{mix}} \left(\frac{\partial \boldsymbol{u}_{\mathrm{mix}}}{\partial t} + (\boldsymbol{u}_{\mathrm{mix}} \cdot \nabla) \boldsymbol{u}_{\mathrm{mix}} \right) + \boldsymbol{v}_{\mathrm{mix}} \nabla \cdot (\rho_{\mathrm{mix}} \boldsymbol{v}'^{\mathrm{M}}) \\
&\qquad\qquad - \left[\frac{\partial(\rho_{\mathrm{mix}} \boldsymbol{v}'^{\mathrm{M}})}{\partial t} + \nabla \cdot \left(\sum_{i=1}^{n} \phi_i \boldsymbol{T}_i^{\mathrm{Re}} + \boldsymbol{T}'^{\mathrm{M}} \right) \right] \\
&\quad = \rho_{\mathrm{mix}} \left(\frac{\partial \boldsymbol{u}_{\mathrm{mix}}}{\partial t} + (\boldsymbol{u}_{\mathrm{mix}} \cdot \nabla) \boldsymbol{u}_{\mathrm{mix}} \right)
\end{aligned}$$

$$-\left[\frac{\partial(\rho_{\mathrm{mix}}\boldsymbol{v}'^{\mathrm{M}})}{\partial t}-\boldsymbol{v}_{\mathrm{mix}}\nabla\cdot(\rho_{\mathrm{mix}}\boldsymbol{v}'^{\mathrm{M}})+\nabla\cdot\left(\sum_{i=1}^{n}\phi_i\boldsymbol{T}_i^{\mathrm{Re}}+\boldsymbol{T}'^{\mathrm{M}}\right)\right] \tag{2.68}$$

ここで，式 (2.68) の右辺第 2 項（括弧 [$\cdots$] 内）は，平衡方程式の体積平均操作により現れる項であるため，数値解析上の空間解像度を高くすればこの項の影響は小さくなる．また，式 (2.68) の右辺第 2 項は数値解析上，取り扱いが困難である．これらの理由により，オイラー型構造解析では次式のように式 (2.68) の右辺第 2 項がゼロであると仮定する．

$$\left[\frac{\partial(\rho_{\mathrm{mix}}\boldsymbol{v}'^{\mathrm{M}})}{\partial t}-\boldsymbol{v}_{\mathrm{mix}}\nabla\cdot(\rho_{\mathrm{mix}}\boldsymbol{v}'^{\mathrm{M}})+\nabla\cdot\left(\sum_{i=1}^{n}\phi_i\boldsymbol{T}_i^{\mathrm{Re}}+\boldsymbol{T}'^{\mathrm{M}}\right)\right]=0 \tag{2.69}$$

この仮定の下では，式 (2.53) の物質時間微分項は，最終的に次式になる．

$$\left\langle\sum_{i=1}^{n}I_i\rho_i\frac{D\boldsymbol{v}_i}{Dt}\right\rangle=\rho_{\mathrm{mix}}\left(\frac{\partial\boldsymbol{u}_{\mathrm{mix}}}{\partial t}+(\boldsymbol{u}_{\mathrm{mix}}\cdot\nabla)\boldsymbol{u}_{\mathrm{mix}}\right) \tag{2.70}$$

応力項

次に，式 (2.53) の応力項について考える．

$$\nabla\cdot(I_i\boldsymbol{\sigma}_i)=I_i\nabla\cdot\boldsymbol{\sigma}_i+\boldsymbol{\sigma}_i\cdot\nabla I_i \tag{2.71}$$

なる関係式が成り立つことにより，式 (2.53) の応力項は次式のように表せる．

$$\begin{aligned}
\left\langle\sum_{i=1}^{n}I_i\nabla\cdot\boldsymbol{\sigma}_i\right\rangle &= \left\langle\nabla\cdot\left(\sum_{i=1}^{n}I_i\boldsymbol{\sigma}_i\right)-\sum_{i=1}^{n}\boldsymbol{\sigma}_i\cdot\nabla I_i\right\rangle \\
&= \left\langle\nabla\cdot\left(\sum_{i=1}^{n}I_i\boldsymbol{\sigma}_i\right)-\sum_{i=1}^{n-1}\boldsymbol{\sigma}_i\cdot\nabla I_i-\boldsymbol{\sigma}_n\cdot\nabla I_n\right\rangle \\
&= \left\langle\nabla\cdot\left(\sum_{i=1}^{n}I_i\boldsymbol{\sigma}_i\right)-\sum_{i=1}^{n-1}\boldsymbol{\sigma}_i\cdot\nabla I_i-\boldsymbol{\sigma}_n\cdot\nabla\left(1-\sum_{i=1}^{n-1}I_i\right)\right\rangle \\
&= \left\langle\nabla\cdot\left(\sum_{i=1}^{n}I_i\boldsymbol{\sigma}_i\right)-\sum_{i=1}^{n-1}\boldsymbol{\sigma}_i\cdot\nabla I_i+\boldsymbol{\sigma}_n\cdot\nabla\sum_{i=1}^{n-1}I_i\right\rangle \\
&= \left\langle\nabla\cdot\left(\sum_{i=1}^{n}I_i\boldsymbol{\sigma}_i\right)-\sum_{i=1}^{n-1}(\boldsymbol{\sigma}_i-\boldsymbol{\sigma}_n)\cdot\nabla I_i\right\rangle
\end{aligned} \tag{2.72}$$

ここで，物質 i $(i=1,\ldots,n-1)$ と物質 n の境界面における単位法線ベクトル $\boldsymbol{n}_i$ は，物質 i の領域外の方向を正とした場合，

$$\boldsymbol{n}_i = -\frac{\nabla I_i}{|\nabla I_i|} \tag{2.73}$$

で与えられることを考慮すれば，式 (2.72) は

$$\begin{aligned}\left\langle \sum_{i=1}^{n} I_i \nabla\cdot\boldsymbol{\sigma}_i \right\rangle &= \left\langle \nabla\cdot\left(\sum_{i=1}^{n} I_i\boldsymbol{\sigma}_i\right) - \sum_{i=1}^{n-1}(\boldsymbol{\sigma}_i-\boldsymbol{\sigma}_n)\cdot\nabla I_i \right\rangle \\ &= \left\langle \nabla\cdot\left(\sum_{i=1}^{n} I_i\boldsymbol{\sigma}_i\right) + \sum_{i=1}^{n-1}(\boldsymbol{\sigma}_i\cdot\boldsymbol{n}_i-\boldsymbol{\sigma}_n\cdot\boldsymbol{n}_i)|\nabla I_i| \right\rangle \end{aligned} \tag{2.74}$$

となる．ここで，物質 i $(i=1,\ldots,n-1)$ の表面力 $\boldsymbol{t}_i$，物質 n の表面力 $\boldsymbol{t}_n$ はコーシーの公式により

$$\boldsymbol{t}_i = \boldsymbol{\sigma}_i\cdot\boldsymbol{n}_i \tag{2.75}$$

$$\boldsymbol{t}_n = \boldsymbol{\sigma}_n\cdot\boldsymbol{n}_i \tag{2.76}$$

と表せることから，式 (2.74) は次式になる．

$$\left\langle \sum_{i=1}^{n} I_i \nabla\cdot\boldsymbol{\sigma}_i \right\rangle = \left\langle \nabla\cdot\left(\sum_{i=1}^{n} I_i\boldsymbol{\sigma}_i\right) + \sum_{i=1}^{n-1}(\boldsymbol{t}_i-\boldsymbol{t}_n)|\nabla I_i| \right\rangle \tag{2.77}$$

式 (2.77) において，物質 i $(i=1,\ldots,n-1)$ と物質 n が接触している場合，表面力は作用・反作用の法則により平衡しているため，次式が成り立つ．

$$\boldsymbol{t}_i = \boldsymbol{t}_n \tag{2.78}$$

他方，物質 i $(i=1,\ldots,n-1)$ と物質 n が接触していない場合，表面力は作用しないため，次式が成り立つ．

$$\boldsymbol{t}_i = \boldsymbol{t}_n = \boldsymbol{0} \tag{2.79}$$

したがって，式 (2.77) の右辺第 2 項は恒等的にゼロになるため，式 (2.77) は以下のようになる．

$$\left\langle \sum_{i=1}^{n} I_i \nabla\cdot\boldsymbol{\sigma}_i \right\rangle = \left\langle \nabla\cdot\left(\sum_{i=1}^{n} I_i\boldsymbol{\sigma}_i\right) \right\rangle = \nabla\cdot\left(\sum_{i=1}^{n} \phi_i\bar{\boldsymbol{\sigma}}_i\right) \tag{2.80}$$

ここで，各物質の応力を体積率で平均した応力について

$$\boldsymbol{\sigma}_{\text{mix}} = \sum_{i=1}^{n} \phi_i \overline{\boldsymbol{\sigma}}_i \tag{2.81}$$

とおけば，式 (2.53) の応力項は，最終的に次式になる．

$$\left\langle \sum_{i=1}^{n} I_i \nabla \cdot \boldsymbol{\sigma}_i \right\rangle = \nabla \cdot \boldsymbol{\sigma}_{\text{mix}} \tag{2.82}$$

体積力項

式 (2.53) の体積力項については，体積力 $\boldsymbol{b}$ が検査体積内で一様であれば次式になる．

$$\left\langle \left(\sum_{i=1}^{n} I_i \rho_i \right) \boldsymbol{b} \right\rangle = \left(\sum_{i=1}^{n} \phi_i \rho_i \right) \boldsymbol{b} = \rho_{\text{mix}} \boldsymbol{b} \tag{2.83}$$

平均化・混合化された平衡方程式

以上の式 (2.70)，(2.82)，(2.83) より，検査体積において平均化・混合化された平衡方程式 (2.53) は次式になる．

$$\rho_{\text{mix}} \left(\frac{\partial \boldsymbol{v}_{\text{mix}}}{\partial t} + (\boldsymbol{v}_{\text{mix}} \cdot \nabla) \boldsymbol{v}_{\text{mix}} \right) = \nabla \cdot \boldsymbol{\sigma}_{\text{mix}} + \rho_{\text{mix}} \boldsymbol{b} \tag{2.84}$$

2.5.4 ま と め

以上，検査体積で平均化・混合化された連続の式と平衡方程式の導出を説明した．最後に，これらの方程式と，導出に用いた仮定についてまとめる．検査体積で平均化・混合化された連続の式と平衡方程式は次式である．

$$\nabla \cdot \boldsymbol{v}_{\text{mix}} = 0 \tag{2.85}$$

$$\rho_{\text{mix}} \left(\frac{\partial \boldsymbol{v}_{\text{mix}}}{\partial t} + (\boldsymbol{v}_{\text{mix}} \cdot \nabla) \boldsymbol{v}_{\text{mix}} \right) = \nabla \cdot \boldsymbol{\sigma}_{\text{mix}} + \rho_{\text{mix}} \boldsymbol{b} \tag{2.86}$$

ここで，$\boldsymbol{v}_{\text{mix}}$，$\rho_{\text{mix}}$，$\boldsymbol{\sigma}_{\text{mix}}$ はそれぞれ以下のように定義される．

$$\boldsymbol{v}_{\text{mix}} = \sum_{i=1}^{n} \phi_i \overline{\boldsymbol{v}}_i \tag{2.87}$$

$$\rho_{\mathrm{mix}} = \sum_{i=1}^{n} \phi_i \rho_i \tag{2.88}$$

$$\boldsymbol{\sigma}_{\mathrm{mix}} = \sum_{i=1}^{n} \phi_i \overline{\boldsymbol{\sigma}}_i \tag{2.89}$$

また，導出の際には，次式のように体積平均化・混合化により現れる項をゼロと仮定した．

$$\left[\frac{\partial(\rho_{\mathrm{mix}} \boldsymbol{v}'^{\mathrm{M}})}{\partial t} - \boldsymbol{v}_{\mathrm{mix}} \nabla \cdot (\rho_{\mathrm{mix}} \boldsymbol{v}'^{\mathrm{M}}) + \nabla \cdot \left(\sum_{i=1}^{n} \phi_i \boldsymbol{T}_i^{\mathrm{Re}} + \boldsymbol{T}'^{\mathrm{M}} \right) \right] = 0 \tag{2.90}$$

以上の平均化・混合化された方程式を用いることにより，オイラーメッシュに存在する複数の物質を単一速度場で統一的に記述できる．そのため，本書で述べるオイラー型構造解析は，構造と流体の相互作用が強い連成問題の数値解析も可能である．

2.6　オイラー記述における固体変形評価

固体力学で一般に用いられるラグランジュ表示では，物質点の初期の位置ベクトル $\boldsymbol{X}$ を用いて物質の変形を評価する．そのため，変形勾配テンソル $\boldsymbol{F}$ ひいては左コーシー–グリーン変形テンソル $\boldsymbol{B}$ を容易に求めることができる．これに対して，本書ではオイラー表示により固体の変形を記述するため，変形勾配テンソルを直接的に求めることができない．よって，左コーシー–グリーン変形テンソル $\boldsymbol{B}$ の評価には工夫が必要となる．本書では，速度場の空間勾配から固体変形を評価する方法および固体の初期位置ベクトルから固体変形を評価する方法を紹介する．

2.6.1　速度勾配テンソルによる方法

次式に示すように左コーシー–グリーン変形テンソル $\boldsymbol{B}$ の定義式 $\boldsymbol{B} = \boldsymbol{F} \cdot \boldsymbol{F}^T$ の両辺を物質時間微分することにより得られる時間発展式を導入する．

$$\begin{aligned} \frac{D\boldsymbol{B}}{Dt} &= \frac{D\left(\boldsymbol{F} \cdot \boldsymbol{F}^T\right)}{Dt} \\ &= \frac{D\boldsymbol{F}}{Dt} \cdot \boldsymbol{F}^T + \boldsymbol{F} \cdot \frac{D\boldsymbol{F}^T}{Dt} \end{aligned}$$

$$
\begin{aligned}
&= \boldsymbol{L} \cdot \boldsymbol{F} \cdot \boldsymbol{F}^T + \boldsymbol{F} \cdot \boldsymbol{F}^T \cdot \boldsymbol{L}^T \\
&= \boldsymbol{L} \cdot \boldsymbol{B} + \boldsymbol{B} \cdot \boldsymbol{L}^T
\end{aligned} \tag{2.91}
$$

ここで，$\boldsymbol{L}$ は速度勾配テンソルである．さらに式 (2.91) をオイラー表示すれば，次式になる．

$$
\frac{\partial \boldsymbol{B}}{\partial t} + (\boldsymbol{v} \cdot \nabla) \boldsymbol{B} = \boldsymbol{L} \cdot \boldsymbol{B} + \boldsymbol{B} \cdot \boldsymbol{L}^T \tag{2.92}
$$

式 (2.92) より，オイラー記述の速度場から算出される速度勾配テンソルから，左コーシー–グリーン変形テンソル $\boldsymbol{B}$ を求められることがわかる．

2.6.2　リファレンス・マップによる方法

速度勾配テンソルによる固体変形評価では，固体と流体の界面で速度勾配テンソルが不連続となる問題では数値不安定が生じうることに留意が必要である．このような問題に対しては，リファレンス・マップ法を用いた固体変形評価が有用である [44,45]．リファレンス・マップとは，固体領域の初期位置ベクトル $\boldsymbol{X}$ である．リファレンス・マップ法では，固体変形は次式により評価される．

$$
\boldsymbol{F} = \left(\frac{\partial \boldsymbol{X}}{\partial \boldsymbol{x}} \right)^{-1} \tag{2.93}
$$

ここで，$\boldsymbol{x}$ は現在配置における固体領域の位置ベクトルである．この定式化では，オイラー型構造解析で数値不安定の原因となりやすい流体領域の速度場を用いることなく，固体変形評価が可能である．

3　完全オイラー型構造解析

本章では，完全オイラー型構造解析の基盤となる理論と計算手法を解説する．完全オイラー型構造解析は，物体界面を体積率などのスカラー関数で記述するため，並列化効率を向上させやすいアプローチである．ただし，物体界面の数値拡散が課題となる．そこで，本章では物体界面の数値拡散の抑制に有効である 3 次元 PLIC 法のアルゴリズムを詳述する．また，ベンチマーク問題を通じてその妥当性と精度を検証する．また，固体変形やエネルギー収支の評価を通じて，この手法の適用範囲と可能性について論じる．

3.1　時間方向の離散化

本書では，基礎方程式を MAC 法系の解法のひとつである**フラクショナル・ステップ法** [46] を使って速度場と圧力場を分離して解く方法を述べる．体積平均化・混合化された運動方程式 (2.86) は，次式のように書き換えられる．

$$\frac{\partial \boldsymbol{v}_{\mathrm{mix}}}{\partial t} + (\boldsymbol{v}_{\mathrm{mix}} \cdot \nabla)\boldsymbol{v}_{\mathrm{mix}} = -\frac{1}{\rho_{\mathrm{mix}}}\nabla p + \frac{1}{\rho_{\mathrm{mix}}}\nabla \cdot \boldsymbol{\sigma}'_{\mathrm{mix}} + \boldsymbol{b} \tag{3.1}$$

ここで $\boldsymbol{\sigma}'_{\mathrm{mix}}$ は $\boldsymbol{\sigma}_{\mathrm{mix}}$ の偏差成分である．式 (3.1) に時刻 n に対してオイラー前進差分を適用し，フラクショナル・ステップ法に従い速度場と圧力場に分離すれば，次式が得られる．

$$\frac{\boldsymbol{v}^{*}_{\mathrm{mix}} - \boldsymbol{v}^{n}_{\mathrm{mix}}}{\Delta t} + (\boldsymbol{v}^{n}_{\mathrm{mix}} \cdot \nabla)\boldsymbol{v}^{n}_{\mathrm{mix}} = \frac{1}{\rho_{\mathrm{mix}}}\nabla \cdot \boldsymbol{\sigma}'^{\,n}_{\mathrm{mix}} + \boldsymbol{b}^{n} \tag{3.2}$$

$$\frac{\boldsymbol{v}^{n+1}_{\mathrm{mix}} - \boldsymbol{v}^{*}_{\mathrm{mix}}}{\Delta t} = -\frac{1}{\rho_{\mathrm{mix}}}\nabla p^{n+1} \tag{3.3}$$

ここで $\boldsymbol{v}^{*}_{\mathrm{mix}}$ は，物理的な速度とは異なる中間的な解という意味で**中間速度**と呼ばれ，速度 $\boldsymbol{v}^{n+1}_{\mathrm{mix}}$ の予測子である．一方，式 (3.3) の両辺の発散をとり，時刻 $n+1$ で

も連続の式 (2.85) が成立することにより，以下の**圧力ポアソン方程式**が得られる．

$$\nabla \cdot \left(\frac{1}{\rho_{\text{mix}}} \nabla p^{n+1} \right) = \frac{1}{\Delta t} \nabla \cdot \boldsymbol{v}^* \tag{3.4}$$

また，式 (3.3) は次式のように書き換えられる．

$$\boldsymbol{v}_{\text{mix}}^{n+1} = \boldsymbol{v}_{\text{mix}}^* - \frac{\Delta t}{\rho_{\text{mix}}} \nabla p^{n+1} \tag{3.5}$$

以上を整理すれば，フラクショナル・ステップ法では次の 3 段階で速度と圧力が計算される．

1. 式 (3.2) より中間速度 $\boldsymbol{v}_{\text{mix}}^*$ を計算する．
2. 中間速度 $\boldsymbol{v}_{\text{mix}}^*$ を用いて，圧力ポアソン方程式 (3.4) より圧力 p^{n+1} を計算する．
3. 圧力 p^{n+1} を用いて，速度修正式 (3.5) より中間速度 $\boldsymbol{v}_{\text{mix}}^*$ を速度 $\boldsymbol{v}_{\text{mix}}^{n+1}$ に更新する．

この後，左コーシー–グリーン変形テンソル $\boldsymbol{B}$ の時間発展式と VOF 関数 ϕ の移流方程式をそれぞれ以下のように計算する．

$$\boldsymbol{B}^{n+1} = \boldsymbol{B}^n - \Delta t \left(\boldsymbol{v}_{\text{mix}}^n \cdot \nabla \right) \boldsymbol{B}^n + \Delta t \left\{ \boldsymbol{L}^n \cdot \boldsymbol{B}^n + \boldsymbol{B}^n \cdot (\boldsymbol{L}^T)^n \right\} \tag{3.6}$$

$$\phi^{n+1} = \phi^n - \Delta t \left(\boldsymbol{v}_{\text{mix}}^n \cdot \nabla \right) \phi^n \tag{3.7}$$

ただし，左コーシー–グリーン変形テンソル $\boldsymbol{B}$ の数値拡散による計算不安定を避けるため，VOF 関数が閾値 ϕ_{min} 未満の領域を固体が存在しない領域とみなして，次式のように左コーシー–グリーン変形テンソル $\boldsymbol{B}$ を初期化する操作を行う．

$$\boldsymbol{B}^{n+1} = \begin{cases} \boldsymbol{B}^{n+1} & \text{if } \phi^{n+1} \geq \phi_{\text{min}} \\ \boldsymbol{I} & \text{if } \phi^{n+1} < \phi_{\text{min}} \end{cases} \tag{3.8}$$

ここで，$\boldsymbol{I}$ は 2 階の単位テンソルであり，閾値 ϕ_{min} に 0.01 から 0.1 の間の値を設定する．そして最後に，固体と流体の偏差応力をそれぞれ以下のように計算し，偏差応力 $\boldsymbol{\sigma}'^{\,n+1}_{\text{mix}}$ を求める．

$$\boldsymbol{\sigma}'^{\,n+1}_{\text{s}} = G \left\{ \boldsymbol{B}^{n+1} - \frac{1}{3} \left(\text{tr} \boldsymbol{B}^{n+1} \right) \boldsymbol{I} \right\} \tag{3.9}$$

$$\boldsymbol{\sigma}'^{\,n+1}_{\mathrm{f}} = 2\mu \boldsymbol{D}^{n+1} \tag{3.10}$$

$$\boldsymbol{\sigma}'^{\,n+1}_{\mathrm{mix}} = \boldsymbol{\sigma}'^{\,n+1}_{\mathrm{s}} \phi^{n+1} + \boldsymbol{\sigma}'^{\,n+1}_{\mathrm{f}} \left(1 - \phi^{n+1}\right) \tag{3.11}$$

ここで，物質数 $i = 2$ として，固体の偏差応力を $\boldsymbol{\sigma}'_{\mathrm{s}}$，流体の偏差応力を $\boldsymbol{\sigma}'_{\mathrm{f}}$ と表記している．また，固体領域の VOF 関数を ϕ とした．そのため流体領域の VOF 関数は $(1 - \phi)$ で表される．なお，運動方程式 (3.2)，左コーシー–グリーン変形テンソルの時間発展式 (3.6)，VOF 関数の移流方程式 (3.7) を，前進差分ではなく 2 次のアダムス・バッシュフォース法により時間積分する場合，これらの具体的な式はそれぞれ以下の通りである．

$$\begin{aligned}\boldsymbol{v}^{*}_{\mathrm{mix}} = \boldsymbol{v}^{n}_{\mathrm{mix}} &+ \frac{3}{2}\Delta t \left(-(\boldsymbol{v}^{n}_{\mathrm{mix}} \cdot \nabla)\boldsymbol{v}^{n}_{\mathrm{mix}} + \frac{1}{\rho_{\mathrm{mix}}}\nabla \cdot \boldsymbol{\sigma}'^{\,n}_{\mathrm{mix}} + \boldsymbol{b}^{n}\right) \\ &- \frac{1}{2}\Delta t \left(-(\boldsymbol{v}^{n-1}_{\mathrm{mix}} \cdot \nabla)\boldsymbol{v}^{n-1}_{\mathrm{mix}} + \frac{1}{\rho_{\mathrm{mix}}}\nabla \cdot \boldsymbol{\sigma}'^{\,n-1}_{\mathrm{mix}} + \boldsymbol{b}^{n-1}\right)\end{aligned} \tag{3.12}$$

$$\begin{aligned}\boldsymbol{B}^{n+1} = \boldsymbol{B}^{n} &+ \frac{3}{2}\Delta t \left\{ -\left(\boldsymbol{v}^{n}_{\mathrm{mix}} \cdot \nabla\right)\boldsymbol{B}^{n} + \boldsymbol{L}^{n} \cdot \boldsymbol{B}^{n} + \boldsymbol{B}^{n} \cdot (\boldsymbol{L}^{T})^{n} \right\} \\ -\frac{1}{2}\Delta t &\left\{ -\left(\boldsymbol{v}^{n-1}_{\mathrm{mix}} \cdot \nabla\right)\boldsymbol{B}^{n-1} + \boldsymbol{L}^{n-1} \cdot \boldsymbol{B}^{n-1} + \boldsymbol{B}^{n-1} \cdot (\boldsymbol{L}^{T})^{n-1} \right\}\end{aligned} \tag{3.13}$$

$$\phi^{n+1} = \phi^{n} + \frac{3}{2}\Delta t \left\{ -\left(\boldsymbol{v}^{n}_{\mathrm{mix}} \cdot \nabla\right)\phi^{n} \right\} - \frac{1}{2}\Delta t \left\{ -\left(\boldsymbol{v}^{n-1}_{\mathrm{mix}} \cdot \nabla\right)\phi^{n-1} \right\} \tag{3.14}$$

3.2 空間方向の離散化

本書では，基礎方程式の空間離散化手法として，コロケート変数配置法に基づくセル中心有限体積法に基づく方法を述べる．すなわち，圧力・速度・応力は同一のセル中心点で定義され，運動方程式 (3.2) の移流項と応力の発散項，速度修正式 (3.5) の圧力勾配は 2 次精度中心差分法で離散化される．

圧力ポアソン方程式 (3.4) は**レッド–ブラックオーダリング**により色分けされた**逐次過緩和法**（successive over relaxation method，SOR 法）[47] により解く．レッド–ブラックオーダリングは，互いに依存しない交互の格子点を色分けし，並列計算機向けに並列処理ができるように改良された手法である．元の反復式と演算順序が異なるため厳密には元の解と一致しないが，大規模並列計算には有利な手法である．

ただし，このようなコロケート変数配置法では，隣接するセルの圧力差を評価できないためにチェッカーボード状の圧力振動が生じることが知られているが，**Rhie-Chow 法** [48] を用いて圧力振動を回避できる．Rhie-Chow 法では，次式のように，セル面 $i+\frac{1}{2}$ の速度 $u_{i+\frac{1}{2}}^{n+1}$ を計算する際に隣接するセル間（セル i とセル $i+1$）で圧力勾配を打ち消す項を導入する [48]．

$$u_{i+\frac{1}{2}}^{n+1} = \frac{u_{i+1}^{*} + u_{i}^{*}}{2} - \Delta t \left(\frac{\partial p^{n+1}}{\partial x_i} \right)_{i+\frac{1}{2}} \tag{3.15}$$

式 (3.15) は速度の x 成分の計算の場合を示しているが，y 成分，z 成分の計算も同様である．

固体界面は VOF (volume-of-fluid) 法 [49] により捕捉する．前述のように，本書では固体領域の VOF 関数を ϕ，流体領域の VOF 関数を $(1-\phi)$ とし，VOF 関数 ϕ の移流方程式を 5 次精度を有する WENO (weighted essentially non-oscillatory polynomial interpolation) スキーム [50] により計算する．

3.3　物体界面の表現法

3.3.1　3 次元 PLIC 法

本項では，3 次元 PLIC 法による界面捕捉について説明する．3 次元 PLIC (piecewise linear interface calculation) 法は，(1) 界面の法線ベクトルの計算，(2) 境界面の再構築，(3) 境界面の移流の 3 つの計算手順に分けることができる．法線ベクトルの計算では，注目する界面セルの周囲の体積率分布から計算する比較的簡単な方法を用いている．境界面の再構築では，従来の PLIC 法で用いられることの多かった反復計算を必要とする計算コストの大きい手法でなく，より高速で高精度な直接計算法を用いている．境界面の移流では，アルゴリズムが簡便になる各座標軸方向の移流を別々に行う方法を用いている．PLIC 法は，各セル内で物質境界面を線形近似してセル境界を横切る立体の体積を計算し，VOF 関数を移流することによって，移動境界面を高精度に捕捉する手法である．Hirt と Nichols [49] により提案された VOF 法 (1981) は，移動する物質境界に対する数値解析手法として，これまで幅広く用いられてきた．近年はVOF法に代わって，より少ない格子分割数で高精度な結果が得られるPLIC法の適用が増えつつある．**PLIC法**は，Youngs [51] による先駆的な2次元PLIC法 (1982) に始まり，さらに高精度な2次元PLIC法は1980年代から1990年代にかけて数多く開発されてきた [53,54]．一方，**3次元PLIC法**は，幾何学的な演算の複雑さから開発・適用事例は多くはなかったが，2000年代に入って，高精度な3次元PLIC法の開発・適用事例が増えている [55–61]．

本書の3次元PLIC法のアルゴリズムは，Youngsが提案した2次元PLIC法（詳細は [62] に詳しい）およびScardovelliとZaleski [63] の提案した計算法に基づいている．PLIC法では，線形近似した物質境界面の方程式を決定するために，平面の法線ベクトルと原点から平面までの距離を求める必要がある．法線ベクトルの計算法には，Chorin [64]，Barth [65]，Swartz [66] などによる方法が挙げられる．本書では，計算コストの小さいYoungsの計算法 [62] を紹介する．また，原点から平面までの距離は，Kotheら [53] のように通常は距離に関する3次方程式の解をBrent法 [67] などの反復計算により求める．一方，本書ではScardovelliとZaleski [63] が提案した，3次方程式の解が陽に表された代数式により計算を行うため，反復計算は不要となり計算コストが大幅に軽減される．また，移流項の差分では，アルゴリズムが簡便な**direction-split法**を用いている．このように，本書で紹介する3次元PLIC法のアルゴリズム特徴は，計算コストの少なさとdirection-split法によるアルゴリズムの簡便さにある．

ただし，direction-split法に基づくPLIC法では，結果が非対称になることが指摘されている [53]．また，方向分離による誤差が生じることも報告されている [68]．さらなる高精度化が必要な場合には，unsplit法に基づくPLIC法 [58] への拡張や，高精度な法線ベクトルの計算法を検討することも必要である．

境界面セルの判定

図3.1のように，物質の境界面が存在するセルを，**境界面セル**と呼ぶことにする．セルにおける物質の体積率をϕとしたとき，$0 < \phi < 1$を満たすセルを境界面セルと判定し，境界面セルのみで境界面を再構成する．実装上は，

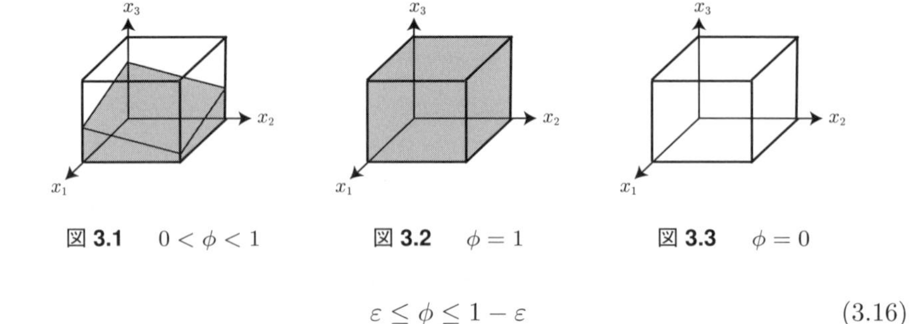

図 3.1　$0 < \phi < 1$　　**図 3.2**　$\phi = 1$　　**図 3.3**　$\phi = 0$

$$\varepsilon \leq \phi \leq 1 - \varepsilon \tag{3.16}$$

を満たすセルを境界面セルと判定する．ε には，$\varepsilon = 1.0 \times 10^{-3}$ の値を与えている．

体積率 1 のセル（図 3.2）と体積率 0 のセル（図 3.3）の場合は，1 次風上差分法により体積フラックスの移流計算を行うため，境界面の再構成は不要である．

線形近似された境界面の方程式

直交デカルト座標系 (x_1, x_2, x_3) において，図 3.4 に示す辺長 Δx_i の直交格子を考える．線形近似された境界面の法線ベクトルを $\boldsymbol{n} = (n_1, n_2, n_3)$ とすると，境界面の方程式は

$$n_1 x_1 + n_2 x_2 + n_3 x_3 = \alpha \tag{3.17}$$

で与えられる．ここで，α は定数であり，原点から平面までの距離と関係付けられる[*1]．式 (3.17) より，境界面を再構成するには，各セルにおいて線形近似された境界面の法線ベクトル $\boldsymbol{n}$ と，距離定数 α を求める必要があることがわかる．

ここで，次式のような関数を定義しておく．

$$f(x_1, x_2, x_3) = n_1 x_1 + n_2 x_2 + n_3 x_3 - \alpha \tag{3.18}$$

この関数 $f(x_1, x_2, x_3)$ は，境界面の法線ベクトル方向の領域では $f(x_1, x_2, x_3) > 0$ となり，一方，逆向きの領域では $f(x_1, x_2, x_3) < 0$ となる．

---

*1　原点から平面までの距離を d としたとき，点と平面の距離の公式より，d は次式で与えられる．

$$d = \frac{|\alpha|}{\sqrt{n_1^2 + n_2^2 + n_3^2}}$$

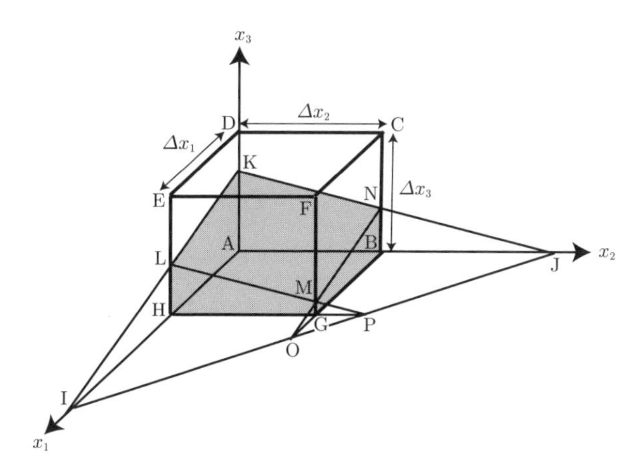

図 3.4　セルで線形近似された境界面

境界面の法線ベクトルの計算

境界面の法線ベクトル $\boldsymbol{n}$ は，外向き方向を正にとった場合，各セルの VOF 関数（体積率）ϕ より以下の式で与えられる．

$$\boldsymbol{n} = -\nabla\phi \tag{3.19}$$

式 (3.19) の体積率勾配の計算法として，本書では **Youngs の方法** [62] を用いる．他の計算法として，Chorin [64]（1 次精度，2 次元のみ），Barth [65]（1 次精度），Swartz [66]（2 次精度）によって提案された方法が挙げられる．一方，Youngs の方法は 1 次精度で，これらの手法に比べ 3 倍から 5 倍ほど低い計算コストで済む手法である [69]．

Youngs の方法では，(i, j, k) の位置のセルにおける体積率勾配を以下のように差分近似する．

$$\left(\frac{\partial\phi}{\partial x_1}\right)_{i,j,k} = \frac{\bar{\phi}_{i+1,j,k} - \bar{\phi}_{i-1,j,k}}{2\Delta x_1} \tag{3.20}$$

$$\left(\frac{\partial\phi}{\partial x_2}\right)_{i,j,k} = \frac{\bar{\phi}_{i,j+1,k} - \bar{\phi}_{i,j-1,k}}{2\Delta x_2} \tag{3.21}$$

$$\left(\frac{\partial\phi}{\partial x_3}\right)_{i,j,k} = \frac{\bar{\phi}_{i,j,k+1} - \bar{\phi}_{i,j,k-1}}{2\Delta x_3} \tag{3.22}$$

ここで $\bar{\phi}$ は，次式で定義されるように，セル (i,j,k) に隣接するセルの体積率をパラメータ a,b,c により重み付き平均した体積率である．

$$\begin{aligned}\bar{\phi}_{i+1,j,k} = \,&[a(\phi_{i+1,j-1,k-1} + \phi_{i+1,j-1,k+1} + \phi_{i+1,j+1,k-1} + \phi_{i+1,j+1,k+1})\\ &+b(\phi_{i+1,j-1,k} + \phi_{i+1,j+1,k} + \phi_{i+1,j,k-1} + \phi_{i+1,j,k+1})\\ &+c\phi_{i+1,j,k}]/(4a+4b+c)\end{aligned} \tag{3.23}$$

$$\begin{aligned}\bar{\phi}_{i-1,j,k} = \,&[a(\phi_{i-1,j-1,k-1} + \phi_{i-1,j-1,k+1} + \phi_{i-1,j+1,k-1} + \phi_{i-1,j+1,k+1})\\ &+b(\phi_{i-1,j-1,k} + \phi_{i-1,j+1,k} + \phi_{i-1,j,k-1} + \phi_{i-1,j,k+1})\\ &+c\phi_{i-1,j,k}]/(4a+4b+c)\end{aligned} \tag{3.24}$$

$$\begin{aligned}\bar{\phi}_{i,j+1,k} = \,&[a(\phi_{i-1,j+1,k-1} + \phi_{i-1,j+1,k+1} + \phi_{i+1,j+1,k-1} + \phi_{i+1,j+1,k+1})\\ &+b(\phi_{i-1,j+1,k} + \phi_{i+1,j+1,k} + \phi_{i,j+1,k-1} + \phi_{i,j+1,k+1})\\ &+c\phi_{i,j+1,k}]/(4a+4b+c)\end{aligned} \tag{3.25}$$

$$\begin{aligned}\bar{\phi}_{i,j-1,k} = \,&[a(\phi_{i-1,j-1,k-1} + \phi_{i-1,j-1,k+1} + \phi_{i+1,j-1,k-1} + \phi_{i+1,j-1,k+1})\\ &+b(\phi_{i-1,j-1,k} + \phi_{i+1,j-1,k} + \phi_{i,j-1,k-1} + \phi_{i,j-1,k+1})\\ &+c\phi_{i,j-1,k}]/(4a+4b+c)\end{aligned} \tag{3.26}$$

$$\begin{aligned}\bar{\phi}_{i,j,k+1} = \,&[a(\phi_{i-1,j-1,k+1} + \phi_{i-1,j+1,k+1} + \phi_{i+1,j-1,k+1} + \phi_{i+1,j+1,k+1})\\ &+b(\phi_{i-1,j,k+1} + \phi_{i+1,j,k+1} + \phi_{i,j-1,k+1} + \phi_{i,j+1,k+1})\\ &+c\phi_{i,j,k+1}]/(4a+4b+c)\end{aligned} \tag{3.27}$$

$$\begin{aligned}\bar{\phi}_{i,j,k-1} = \,&[a(\phi_{i-1,j-1,k-1} + \phi_{i-1,j+1,k-1} + \phi_{i+1,j-1,k-1} + \phi_{i+1,j+1,k-1})\\ &+b(\phi_{i-1,j,k-1} + \phi_{i+1,j,k-1} + \phi_{i,j-1,k-1} + \phi_{i,j+1,k-1})\\ &+c\phi_{i,j,k-1}]/(4a+4b+c)\end{aligned} \tag{3.28}$$

式 (3.23)〜(3.28) からわかるように，Youngs の方法では，セル (i,j,k) の勾配を単なる中央差分法により計算するのではなく，セル (i,j,k) に隣接するセルにステンシルを広くとり，重み付きの平均値で差分近似を行っている．Youngs は，パラメータ a,b,c について次の値を使用している．

$$a=2, \quad b=2, \quad c=4 \tag{3.29}$$

ところで，各パラメータの値が

$$a = 0, \quad b = 0, \quad c = 1 \tag{3.30}$$

の場合は，セル (i, j, k) における体積率勾配は

$$\left(\frac{\partial \phi}{\partial x_1}\right)_{i,j,k} = \frac{\phi_{i+1,j,k} - \phi_{i-1,j,k}}{2\Delta x_1} \tag{3.31}$$

$$\left(\frac{\partial \phi}{\partial x_2}\right)_{i,j,k} = \frac{\phi_{i,j+1,k} - \phi_{i,j-1,k}}{2\Delta x_2} \tag{3.32}$$

$$\left(\frac{\partial \phi}{\partial x_3}\right)_{i,j,k} = \frac{\phi_{i,j,k+1} - \phi_{i,j,k-1}}{2\Delta x_3} \tag{3.33}$$

となり，中央差分法に一致することがわかる．

距離定数の計算

次に，**距離定数** α の計算法を説明する．いま，境界面の法線ベクトル $\boldsymbol{n}$ の成分がすべて正である場合のみを考える．このとき，図 3.5 に示すような辺長 Δx_i の直方体（セル）によって切り取られる立体 (ABGH-LMNK) の体積 V は，以下で与えられる．

$$V = \frac{1}{6n_1n_2n_3}\left[\alpha^3 - \sum_{i=1}^{3} F_3(\alpha - n_i\Delta x_i) + \sum_{i=1}^{3} F_3(\alpha - \alpha_{\max} + n_i\Delta x_i)\right] \tag{3.34}$$

式 (3.34) において，$\alpha_{\max}$ と関数 F_n をそれぞれ次式のように定義している．

$$\alpha_{\max} = \sum_{i=1}^{3} n_i\Delta x_i \tag{3.35}$$

$$F_n(y) = \begin{cases} y^n & \text{for } \ y > 0 \\ 0 & \text{for } \ y \leq 0 \end{cases} \tag{3.36}$$

式 (3.34) の第 1 項 $\alpha^3/6n_1n_2n_3$ は四面体 AIJK の体積である．第 2 項 $\sum_{i=1}^{3} F_3(\alpha - n_i\Delta x_i)/6n_1n_2n_3$ は，頂点 I，J，K がセル境界を越えた場合，四面体 AIJK から取り除かれる四面体の体積である．図 3.5 の場合であれば，四面体 HIPL，BOJN である．第 3 項 $\sum_{i=1}^{3} F_3(\alpha - \alpha_{\max} + n_i\Delta x_i)/6n_1n_2n_3$ は図 3.5 の四面体 GOPM

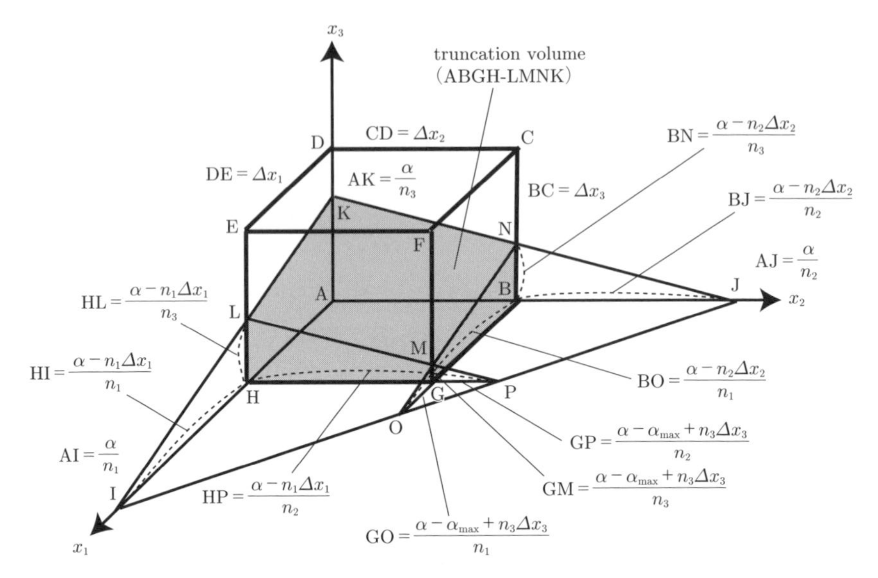

図 3.5　辺長 Δx_i セルによって切り取られる立体 (ABGH-LMNK) の体積

のように，直線 IJ，JK，KI がセル内を通過しない場合に第 2 項が重複して取り除く四面体の体積である．

ここで，セルの辺長と $\alpha_{\max}$ を正規化した場合を考える．セルの辺長については，

$$\Delta x_i = 1 \tag{3.37}$$

の場合を考える．また，$\alpha_{\max}$ については，平面の方程式 (3.17) の両辺を $\sum_{i=1}^{3} n_i$ で割ることにより，

$$\alpha_{\max} = \sum_{i=1}^{3} n_i = 1 \tag{3.38}$$

と正規化する．以上の場合，体積 V および距離定数 α は以下のような性質を持つ．

(1) V は距離定数 α の C_1 級関数で，単調に増加する．

(2) V と α の値の範囲は $[0, 1]$ である．

(3) V は n_1, n_2, n_3 の順列に対して不変である．

(4) V と α のグラフ（一例を図 3.6 に示す）は，点 $(V, \alpha) = (1/2, 1/2)$ に関して点対称である．

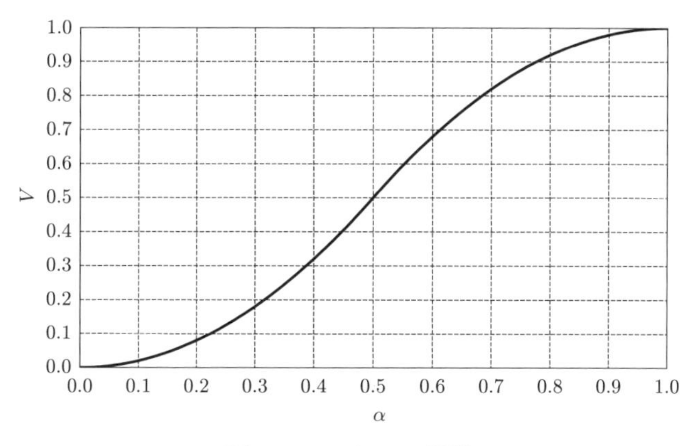

図 3.6　V と α の関係

性質 (2) より，体積 V と体積率（VOF 関数）ϕ は一致することがわかる．また，性質 (3) より n_i の順列について以下の場合のみ考えることにする．

$$0 < n_1 \leq n_2 \leq n_3 \tag{3.39}$$

さらに，性質 (4) より，V と α の値の次式の範囲のみを考えればよい．

$$0 \leq V \leq \frac{1}{2} \tag{3.40}$$

$$0 \leq \alpha \leq \frac{1}{2} \tag{3.41}$$

ここで，式 (3.37)〜(3.39) が成り立つとき，α を陽な式で表現するために，α の値の範囲により式 (3.34) を場合分けして簡略化する．式 (3.39) が成り立つ場合，四面体 AIJK の各辺長は AK < AJ < AI となることから，四面体 AIJK は図 3.7 に示すような立体になる．よって，α の値によって後述するように場合分けすることができる．

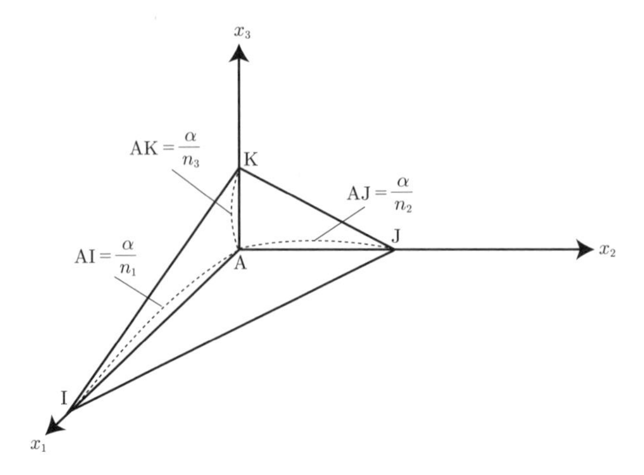

図 **3.7**　$0 < n_1 \leq n_2 \leq n_3$

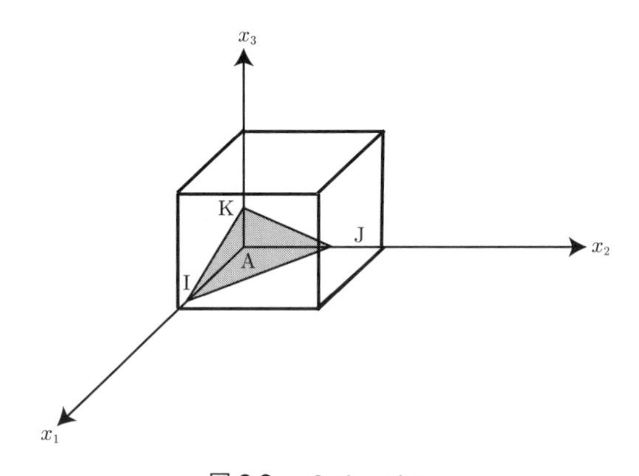

図 **3.8**　$0 \leq \alpha \leq n_1$

(1) $0 \leq \alpha < n_1$

四面体 AIJK が図 3.8 のような場合，頂点 I はセル内に位置する．したがって，この場合の α の制約は次式になる．

$$0 \leq \frac{\alpha}{n_1} < 1 \Longleftrightarrow 0 \ \leq \ \alpha \ < n_1 \tag{3.42}$$

式 (3.42) が成り立つ場合，式 (3.34) より体積 V は次式になる．

$$V = \frac{\alpha^3}{6n_1n_2n_3} \tag{3.43}$$

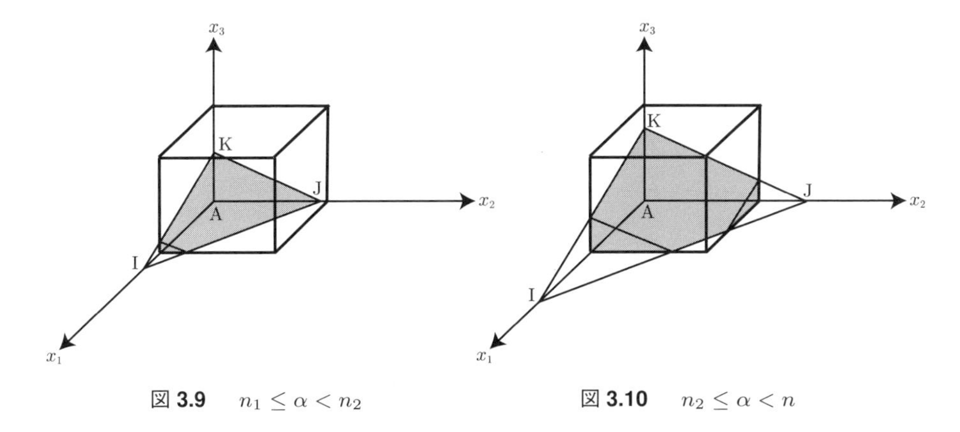

図 **3.9**　$n_1 \leq \alpha < n_2$　　図 **3.10**　$n_2 \leq \alpha < n$

(2) $n_1 \leq \alpha < n_2$

四面体 AIJK が図 3.9 のような場合，頂点 I はセル外に位置し，頂点 J，K はセル内に位置する．したがって，この場合の α の制約は次式になる．

$$\begin{cases} 1 \leq \dfrac{\alpha}{n_1} \\ \dfrac{\alpha}{n_2} < 1 \end{cases} \Longleftrightarrow n_1 \leq \alpha < n_2 \tag{3.44}$$

式 (3.44) が成り立つ場合，式 (3.34) より体積 V は次式になる．

$$V = \frac{1}{6n_1n_2n_3}\left[\alpha^3 - (\alpha - n_1)^3\right] = \frac{\alpha(\alpha - n_1)}{2n_2n_3} + \frac{n_1^2}{6n_2n_3} \tag{3.45}$$

(3) $n_2 \leq \alpha < n$

四面体 AIJK が図 3.10 のような場合，頂点 I，J はセル外に，頂点 K はセル内に位置し，直線 IJ はセル内を通過している．したがって，この場合の α の制約は次式になる．

$$\begin{cases} 1 \leq \dfrac{\alpha}{n_2} \\ \dfrac{\alpha}{n_3} < 1 \\ n_1 + n_2 - \alpha > 0 \end{cases} \Longleftrightarrow n_2 \leq \alpha < n \tag{3.46}$$

ここで n は，$n_1 + n_2$ と n_3 のうち小さい方の値であり，次式により定義する．

$$n_{12} = n_1 + n_2 \tag{3.47}$$

$$n = \min(n_{12}, n_3) \tag{3.48}$$

式 (3.46) が成り立つ場合，式 (3.34) より体積 V は次式になる．

$$\begin{aligned} V &= \frac{1}{6n_1n_2n_3}\left[\alpha^3 - (\alpha - n_1)^3 - (\alpha - n_2)^3\right] \\ &= \frac{\alpha^2(3n_{12} - \alpha) + n_1^2(n_1 - 3\alpha) + n_2^2(n_2 - 3\alpha)}{6n_1n_2n_3} \end{aligned} \tag{3.49}$$

(4) $n \leq \alpha \leq 1/2$

$n \leq \alpha \leq 1/2$ の場合は，以下の 2 通りの場合が考えられる．

(4-1) $n_3 \leq \alpha \leq 1/2$

$n_3 \leq \alpha \leq 1/2$ が成り立つ場合，四面体 AIJK は図 3.11 のように，頂点 I，J，K はセル外に位置する．また，直線 IJ はセル内を通過する．なぜなら，この場合の α の制約は次式になるためである．

$$\begin{cases} 1 \ \leq \dfrac{\alpha}{n_3} \\ n_3 \leq n_1 + n_2 \end{cases} \Longleftrightarrow n_3 \ \leq \ \alpha \ \leq \frac{1}{2} \tag{3.50}$$

ここで，$n_1 + n_2$ の値の範囲について考える．$n_3 \leq n_1 + n_2$ と $n_1 + n_2 + n_3 = 1$ が成り立つことにより，

$$1 - (n_1 + n_2) \leq n_1 + n_2, \quad \frac{1}{2} \leq n_1 + n_2 \tag{3.51}$$

となる．いま，$0 \leq \alpha \leq 1/2$ の範囲を考えているため，$n_1 + n_2 \leq \alpha$ については考えなくてよいことになる．よって，式 (3.50) が成り立つ場合，式 (3.34) より体積 V は次式になる．

$$\begin{aligned} V &= \frac{1}{6n_1n_2n_3}\left[\alpha^3 - (\alpha - n_1)^3 - (\alpha - n_2)^3 - (\alpha - n_3)^3\right] \\ &= \frac{\alpha^2(3 - 2\alpha) + n_1^2(n_1 - 3\alpha) + n_2^2(n_2 - 3\alpha) + n_3^2(n_3 - 3\alpha)}{6n_1n_2n_3} \end{aligned} \tag{3.52}$$

(4-2) $n_{12} \leq \alpha \leq 1/2$

$n_{12} \leq \alpha \leq 1/2$ が成り立つ場合，四面体 AIJK が図 3.12 のように，頂点 I，J

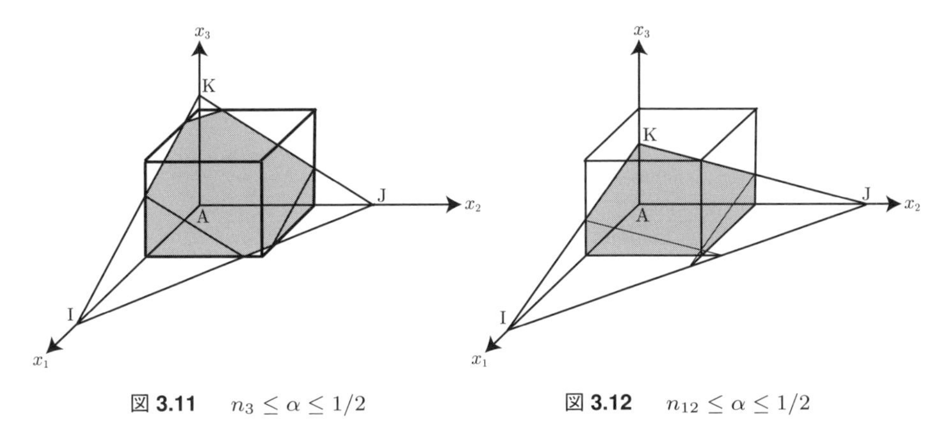

図 3.11　$n_3 \leq \alpha \leq 1/2$

図 3.12　$n_{12} \leq \alpha \leq 1/2$

はセル外に，頂点 K はセル内に位置する．さらに，直線 IJ はセル外を通過する．なぜなら，この場合の α の制約は次式になるためである．

$$\begin{cases} n_1 + n_2 - \alpha \leq 0 \\ n_1 + n_2 \leq n_3 \end{cases} \Longleftrightarrow n_{12} \leq \alpha \leq \frac{1}{2} \tag{3.53}$$

ここで，n_3 の値の範囲について考える．$n_1 + n_2 \leq n_3$ と $n_1 + n_2 + n_3 = 1$ が成り立つことにより，

$$1 - n_3 \leq n_3, \quad \frac{1}{2} \leq n_3 \tag{3.54}$$

となる．いま，$0 \leq \alpha \leq 1/2$ の範囲を考えているため，$n_3 \leq \alpha$ については考えなくてよいことになる．したがって，式 (3.53) が成り立つ場合，式 (3.34) より体積 V は次式になる．

$$V = \frac{1}{6n_1n_2n_3}\left[\alpha^3 - (\alpha - n_1)^3 - (\alpha - n_2)^3 + (\alpha - n_1 - n_2)^3\right] = \frac{2\alpha - n_{12}}{2n_3} \tag{3.55}$$

以上の体積 V についての場合分け (1)，(2)，(3)，(4) を以下にまとめる．

$$V = \frac{\alpha^3}{6n_1n_2n_3} \qquad \text{for } 0 \leq \alpha < n_1 \tag{3.56}$$

$$V = \frac{\alpha(\alpha - n_1)}{2n_2n_3} + \frac{n_1^2}{6n_2n_3} \qquad \text{for } n_1 \leq \alpha < n_2 \tag{3.57}$$

$$V = \frac{\alpha^2(3n_{12} - \alpha) + n_1^2(n_1 - 3\alpha) + n_2^2(n_2 - 3\alpha)}{6n_1n_2n_3} \qquad \text{for } n_2 \leq \alpha < n \tag{3.58}$$

$$V = \frac{\alpha^2(3-2\alpha) + n_1^2(n_1-3\alpha) + n_2^2(n_2-3\alpha) + n_3^2(n_3-3\alpha)}{6n_1n_2n_3}$$

$$\text{for } n_3 \le \alpha \le 1/2 \quad (3.59)$$

$$V = \frac{2\alpha - n_{12}}{2n_3} \qquad \text{for } n_{12} \le \alpha \le 1/2 \quad (3.60)$$

以上の式 (3.56)～(3.60) を変形することより，α は以下のように表せる．ただし，$0 \le \alpha \le 1/2$ であることを考慮している．

$$\alpha = \sqrt[3]{6n_1n_1n_3V} \quad \text{for } 0 \le V < V_1 \tag{3.61}$$

$$\alpha = \frac{1}{2}\left(n_1 + \sqrt{n_1^2 + 8n_2n_3(V - V_1)}\right) \quad \text{for } V_1 \le V < V_2 \tag{3.62}$$

$$P(\alpha) = a_3'\alpha^3 + a_2'\alpha^2 + a_1'\alpha + a_0' = 0 \quad \text{for } V_2 \le V < V_3 \tag{3.63}$$

$$P(\alpha) = a_3''\alpha^3 + a_2''\alpha^2 + a_1''\alpha + a_0'' = 0 \quad \text{for } V_{31} \le V \le 1/2 \tag{3.64}$$

$$\alpha = n_3V + \frac{n_{12}}{2} \quad \text{for } V_{32} \le V \le 1/2 \tag{3.65}$$

式 (3.61)～(3.65) において，V_1，V_2，V_{31}，V_{32}，V_3 を以下のように定義する．

$$V_1 = V|_{\alpha=n_1} = \frac{n_1^2}{\max(6n_2n_3, \varepsilon)} \tag{3.66}$$

$$V_2 = V|_{\alpha=n_2} = V_1 + (n_2 - n_1)/2n_3 \tag{3.67}$$

$$V_{31} = V|_{\alpha=n_3}$$
$$= \left[n_3^2(3n_{12} - n_3) + n_1^2(n_1 - 3n_3) + n_2^2(n_2 - 3n_3)\right]/6n_1n_2n_3 \tag{3.68}$$

$$V_{32} = V|_{\alpha=n_{12}} = n_{12}/2n_3 \tag{3.69}$$

$$V_3 = V|_{\alpha=n} = \min(V_{31}, V_{32}) \tag{3.70}$$

ここで V_1 は，$n_1 = n_2 = 0$ の場合のゼロ割りを避けるための $n_1^2/6n_2n_3$ の実装上の近似式である．ε にはゼロでない，十分に小さな値を与える．さらに，α に関する 3 次方程式 (3.63)，(3.64) の係数はそれぞれ以下のようになる．

$$a_3' = -1 \tag{3.71}$$

$$a_2' = 3n_{12} \tag{3.72}$$

$$a_1' = -3(n_1^2 + n_2^2) \tag{3.73}$$

$$a'_0 = n_1^3 + n_2^3 - 6n_1n_2n_3V \tag{3.74}$$

$$a''_3 = -2 \tag{3.75}$$

$$a''_2 = 3 \tag{3.76}$$

$$a''_1 = -3(n_1^2 + n_2^2 + n_3^2) \tag{3.77}$$

$$a''_0 = n_1^3 + n_2^3 + n_3^3 - 6n_1n_2n_3V \tag{3.78}$$

α に関する3次方程式(3.63)，(3.64)には，3つの実数解が存在し，求めるべき解は2番目に大きい解になる[63]．この3次方程式の方程式の厳密解は，以下のようにして求められる[63]．まず，$a_3 = 1$ とするために3次方程式(3.63)，(3.64)の両辺を a_3 で割り，新たに p_0，q_0 を以下のように定義する．

$$p_0 = \frac{a_1}{3} - \frac{a_2^2}{9} \tag{3.79}$$

$$q_0 = \frac{a_1a_2 - 3a_0}{6} - \frac{a_2^3}{27} \tag{3.80}$$

さらに，θ を次式で定義する．

$$\theta = \frac{1}{3}\cos^{-1}\left(\frac{q_0}{\sqrt{-p_0^3}}\right) \tag{3.81}$$

以上により，求めるべき解は次式で与えられる．

$$\alpha = \sqrt{-p_0}(\sqrt{3}\sin\theta - \cos\theta) - \frac{a_2}{3} \tag{3.82}$$

境界面の場合分け

ここまでは，境界面の法線ベクトル $\boldsymbol{n}$ の各成分が次式を満たす場合の α の計算法を説明した．

$$0 \leq n_1 \leq n_2 \leq n_3 \tag{3.83}$$

その他の場合は，式(3.83)の場合に変換して α を求める．まず，図3.13に示すように，n_i の正負により8通りの境界面が考えられる．さらに，図3.14に示すように，n_i の絶対値の順列で6通りの境界面がある．つまり，法線ベクトルの成分の値により，合計48通りの境界面が考えられる．

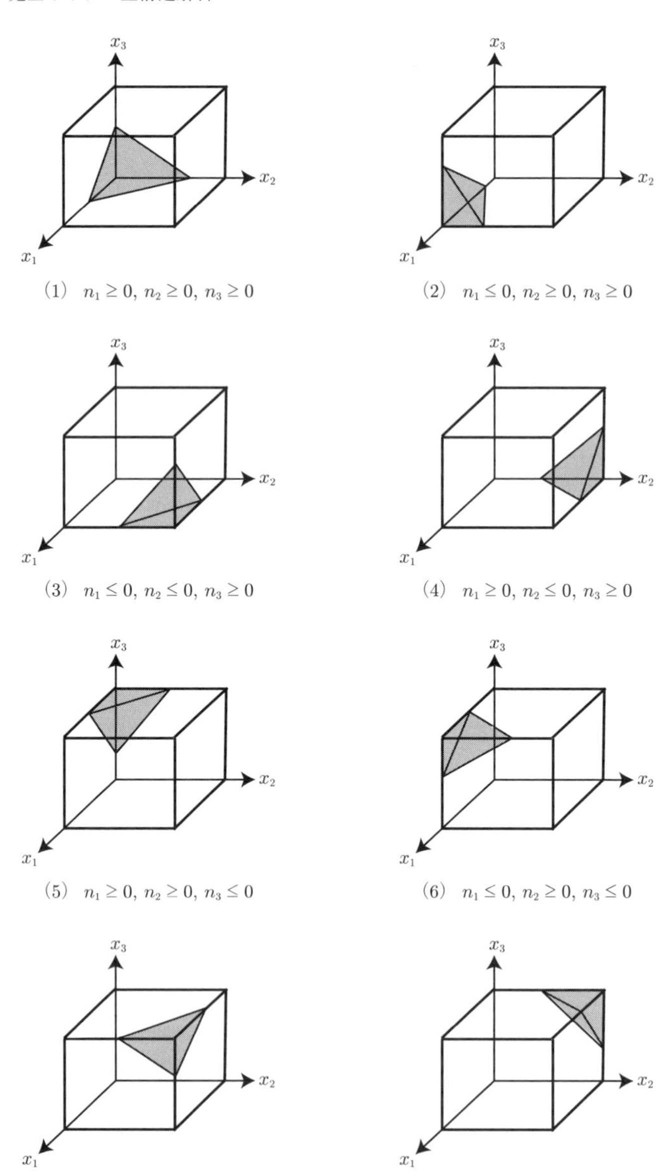

図 3.13　8 通りの境界面

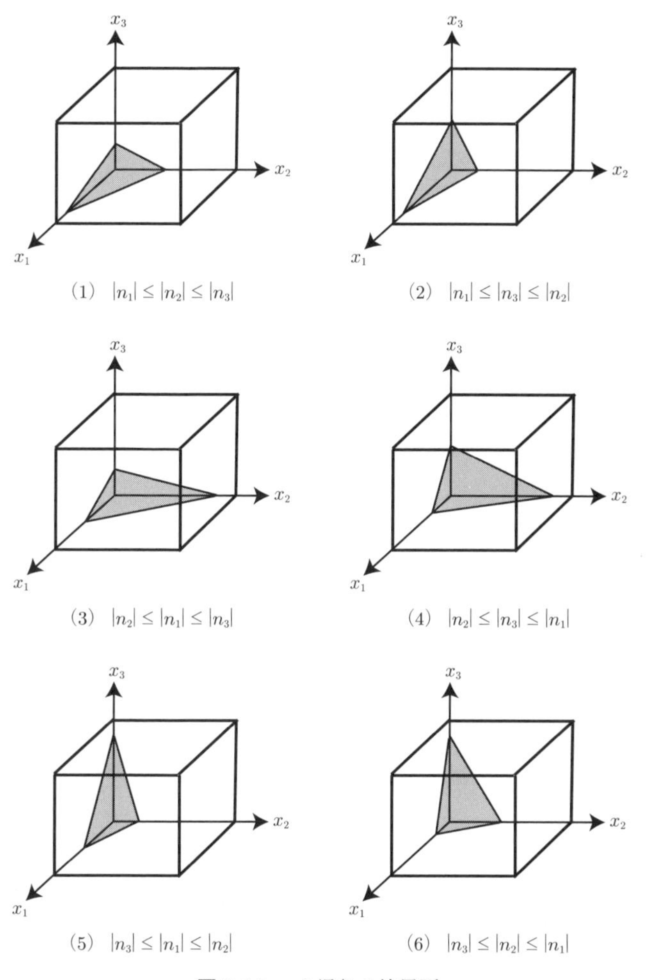

図 3.14　6 通りの境界面

境界面の移流

ここまでで，境界面の再構築について説明した．以下では，再構築した境界面の移流計算の方法について説明する．VOF 関数（体積率）ϕ の移流方程式は，

$$\frac{\partial \phi}{\partial t} + (\boldsymbol{v} \cdot \nabla)\phi = 0 \tag{3.84}$$

で与えられる．連続の式 $\nabla \cdot \boldsymbol{v} = 0$ が成り立つことにより，発散型に変形する．

$$\frac{\partial \phi}{\partial t} + \nabla \cdot (\boldsymbol{v}\phi) = 0 \tag{3.85}$$

ここで，体積率のフラックス $\boldsymbol{f}$ を

$$\boldsymbol{f} = \boldsymbol{v}\phi \tag{3.86}$$

とおくと，移流方程式は

$$\frac{\partial \phi}{\partial t} + \frac{\partial f_1}{\partial x_1} + \frac{\partial f_2}{\partial x_2} + \frac{\partial f_3}{\partial x_3} = 0 \tag{3.87}$$

と表せる．式 (3.87) を時間方向に前進差分近似すると

$$\phi^{n+1} = \phi^n - \Delta t \frac{\partial f_1^n}{\partial x_1} - \Delta t \frac{\partial f_2^n}{\partial x_2} - \Delta t \frac{\partial f_3^n}{\partial x_3} \tag{3.88}$$

となる．さらに空間方向に差分近似することにより，

$$\begin{aligned} \phi_{i,j}^{n+1} = \phi_{i,j}^n &- \frac{\Delta t}{\Delta x_1}\left(f_{i+\frac{1}{2},j,k}^n - f_{i-\frac{1}{2},j,k}^n\right) - \frac{\Delta t}{\Delta x_2}\left(f_{i,j+\frac{1}{2},k}^n - f_{i,j-\frac{1}{2},k}^n\right) \\ &- \frac{\Delta t}{\Delta x_3}\left(f_{i,j,k+\frac{1}{2}}^n - f_{i,j,k-\frac{1}{2}}^n\right) \end{aligned} \tag{3.89}$$

となる．さらに，境界面が 1 ステップでセル境界を横切る体積（体積フラックス）を求めて，移流計算を行うために，式 (3.89) を次式のように変形する．

$$\begin{aligned} \phi_{i,j}^{n+1} = \phi_{i,j}^n &- \frac{\Delta V_{i+\frac{1}{2},j,k}^n - \Delta V_{i-\frac{1}{2},j,k}^n}{V_{i,j,k}} - \frac{\Delta V_{i,j+\frac{1}{2},k}^n - \Delta V_{i,j-\frac{1}{2},k}^n}{V_{i,j,k}} \\ &- \frac{\Delta V_{i,j,k+\frac{1}{2}}^n - \Delta V_{i,j,k-\frac{1}{2}}^n}{V_{i,j,k}} \end{aligned} \tag{3.90}$$

式 (3.90) において，$V_{i,j,k}$ はセルの体積であり，次式で定義される．

$$V_{i,j,k} = \Delta x_1 \Delta x_2 \Delta x_3 \tag{3.91}$$

また，体積フラックス ΔV はそれぞれ以下のように定義される．

$$\Delta V_{i+\frac{1}{2},j,k}^n = f_{i+\frac{1}{2},j,k}^n \Delta x_2 \Delta x_3 \Delta t \tag{3.92}$$

$$\Delta V_{i-\frac{1}{2},j,k}^n = f_{i-\frac{1}{2},j,k}^n \Delta x_2 \Delta x_3 \Delta t \tag{3.93}$$

$$\Delta V^n_{i,j+\frac{1}{2},k} = f^n_{i,j+\frac{1}{2},k}\Delta x_1 \Delta x_3 \Delta t \tag{3.94}$$

$$\Delta V^n_{i,j-\frac{1}{2},k} = f^n_{i,j-\frac{1}{2},k}\Delta x_1 \Delta x_3 \Delta t \tag{3.95}$$

$$\Delta V^n_{i,j,k+\frac{1}{2}} = f^n_{i,j,k+\frac{1}{2}}\Delta x_1 \Delta x_2 \Delta t \tag{3.96}$$

$$\Delta V^n_{i,j,k-\frac{1}{2}} = f^n_{i,j,k-\frac{1}{2}}\Delta x_1 \Delta x_2 \Delta t \tag{3.97}$$

さらに，アルゴリズムの簡便さを考慮して，以下のように式 (3.90) を方向分離して計算する．

$$\phi^*_{i,j,k} = \phi^n_{i,j,k} - \frac{\Delta V^n_{i+\frac{1}{2},j,k} - \Delta V^n_{i-\frac{1}{2},j,k}}{V_{i,j,k}} \tag{3.98}$$

$$\phi^{**}_{i,j,k} = \phi^*_{i,j,k} - \frac{\Delta V^*_{i,j+\frac{1}{2},k} - \Delta V^*_{i,j-\frac{1}{2},k}}{V_{i,j,k}} \tag{3.99}$$

$$\phi^{n+1}_{i,j,k} = \phi^{**}_{i,j,k} - \frac{\Delta V^{**}_{i,j,k+\frac{1}{2}} - \Delta V^{**}_{i,j,k-\frac{1}{2}}}{V_{i,j,k}} \tag{3.100}$$

体積フラックスの計算

はじめにすべてのセルにおいて 1 次風上差分法により体積フラックスを計算する．次に，境界面セルにおいて式 (3.56)〜(3.60) を利用して体積フラックスを再計算する．その際，セルから流出する方向の体積フラックスの場合のみ，1 次風上差分法により計算した体積フラックスを更新する．

3.4 数値解析例

流体–構造連成解析のベンチマーク問題 [71] を用いて，本手法の妥当性を検証する．具体的には，固体変形，エネルギー収支の時刻歴，エネルギー保存率，体積保存率，固体のせん断応力，および空間収束を定量的に検証する．なお，本節の数値解析例において，すべての物理量は無次元化されている [71]．

3.4.1 流体中で振動する固体

計算領域は $0 \leq x \leq 1$，$0 \leq z \leq 1$ であり，図 3.15 に示すように，初期時刻で固体に応力は作用しておらず，その初期形状は半径 0.2 の円である．$t = 0$ において，次式で示す初期速度が課される．

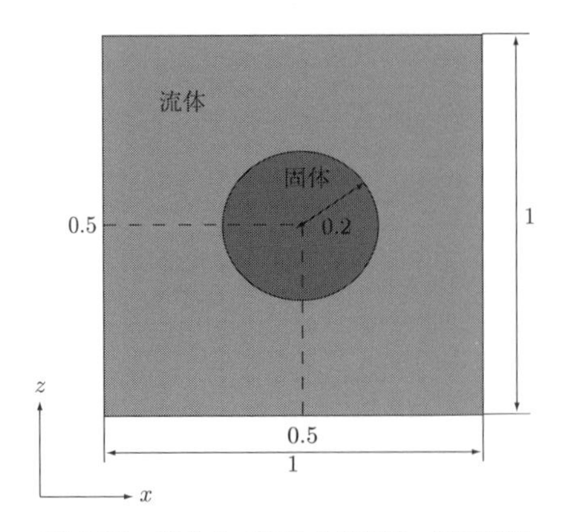

図 3.15　流体中で振動する固体：初期形状

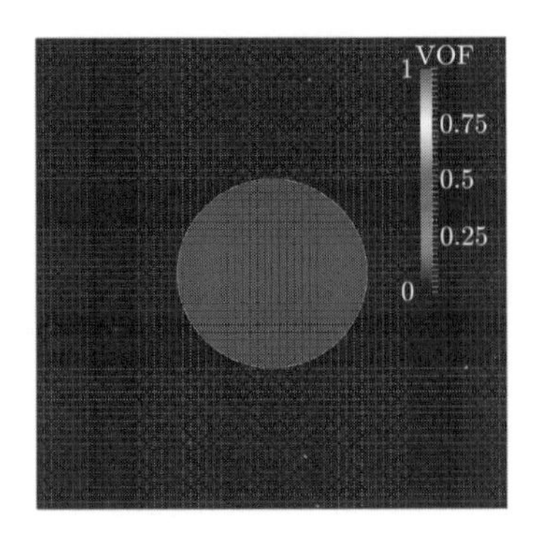

図 3.16　流体中で振動する固体：1024 × 1024 セル分割の場合のキューブメッシュ

表 3.1　流体中で振動する固体：材料物性

固体	
質量密度 ρ_{s}	1.0
せん断弾性係数 G	1.0
粘性係数 μ	0.001
流体	
質量密度 ρ_{f}	1.0
粘性係数 μ	0.001

$$
\begin{aligned}
v_x &= +\psi k_z \sin(k_x x)\cos(k_z z), \\
v_y &= 0, \\
v_z &= -\psi k_x \cos(k_x x)\sin(k_z z),
\end{aligned}
\tag{3.101}
$$

ここで，$\psi = 5.0\times10^{-2}$，$k_x = k_z = 2\pi$ である．材料物性は表 3.1 の通りである．計算領域は図 3.16 に示すように，$1024\times2\times1024$ セルに一様に分割される．$128\times2\times128$，$256\times2\times256$，$512\times2\times512$ セル分割の場合も検証する．y 方向に周期境界条件を課すことで，2 次元問題をモデル化する．左コーシー–グリーン変形テンソルに対する VOF 関数の閾値として 0.1 を設定する．

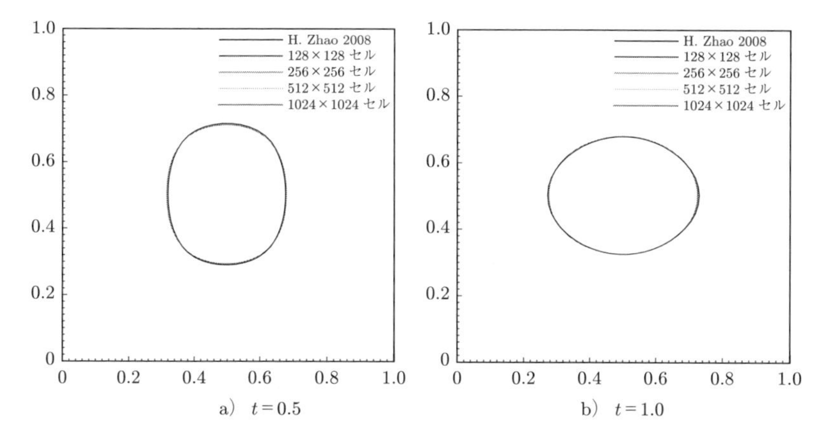

図 3.17 流体中で振動する固体：提案手法と H. Zhao ら [71] の手法との固体変形の比較．図中の線は，それぞれ 128 × 128 セル，256 × 256 セル，512 × 512 セル，1024 × 1024 セルの計算結果を示す．

図 3.17 において，本手法と H. Zhao らの方法 [71] とで固体変形の比較を比較している．図中の線は，それぞれ 128 × 128 セル，256 × 256 セル，512 × 512 セル，1024 × 1024 セルの結果を示している．1024 × 1024 セルの結果は，H. Zhao らの結果と定量的に良く一致している．図 3.18 は，各空間解像度で計算された $t = 0.5$ および $t = 1.0$ でのミーゼス応力を表す．図 3.18 より，空間分解能が粗くなるほど応力の数値拡散が起こりやすいことが確認できる．

さらに，図 3.19 に示すように，運動エネルギー，ひずみエネルギーの合計の時間履歴を定量的に確認する．運動エネルギー E_{k}，固体のひずみエネルギー E_{s}，流体の粘度による散逸エネルギー E_{disp}，およびシステム全体の合計エネルギー E_{total} は，次のように与えられる．

$$E_{\mathrm{k}} = \frac{1}{2}\int_{\Omega} \rho_{\mathrm{mix}} \boldsymbol{v}^2 \, dV, \tag{3.102}$$

$$E_{\mathrm{s}} = \int_{\Omega} \frac{G}{2} \left(\mathrm{tr}\boldsymbol{B} - 3\right) dV, \tag{3.103}$$

$$\dot{E}_{\mathrm{disp}} = \int_{\Omega} \mu \boldsymbol{L} : \boldsymbol{L} \, dV, \tag{3.104}$$

$$E_{\mathrm{total}}(t) = E_k(t) + E_s(t) + \int_0^t \dot{E}_{\mathrm{disp}}(s) \, ds. \tag{3.105}$$

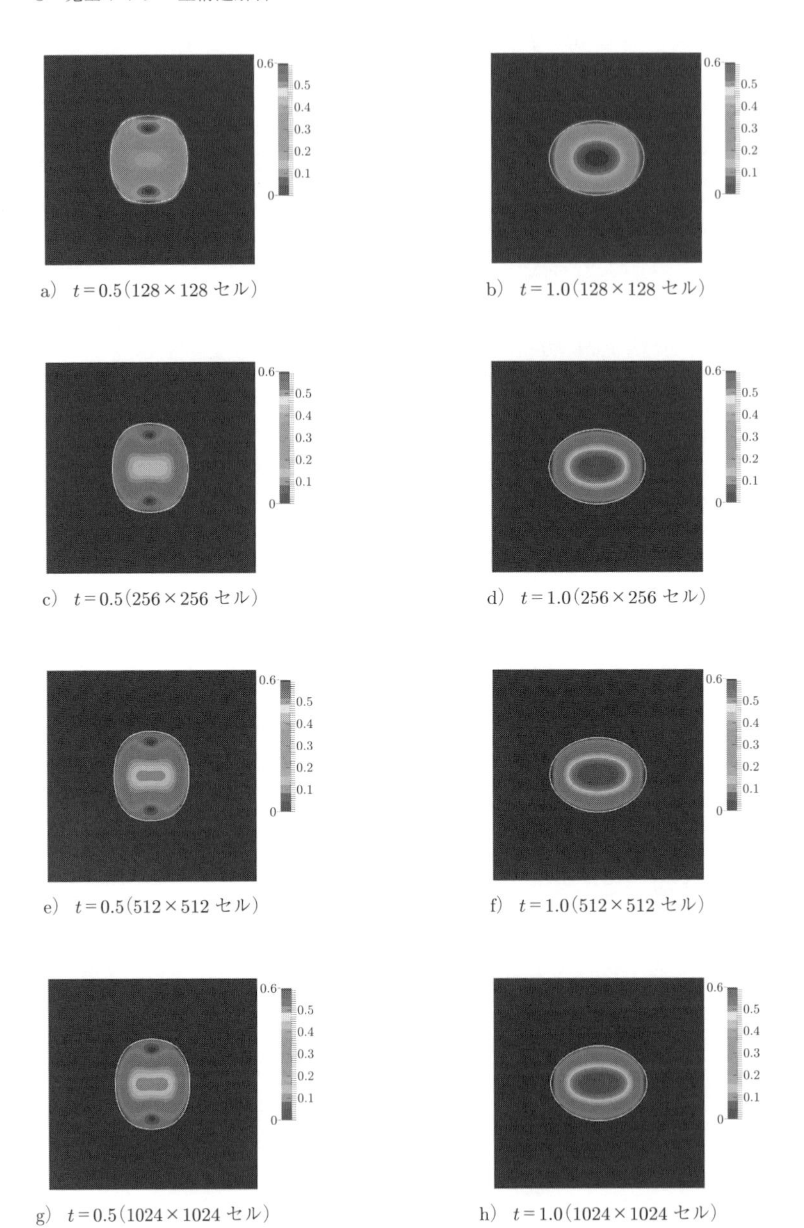

a)　$t=0.5$（128×128 セル）

b)　$t=1.0$（128×128 セル）

c)　$t=0.5$（256×256 セル）

d)　$t=1.0$（256×256 セル）

e)　$t=0.5$（512×512 セル）

f)　$t=1.0$（512×512 セル）

g)　$t=0.5$（1024×1024 セル）

h)　$t=1.0$（1024×1024 セル）

図 3.18　流体中で振動する固体：ミーゼス応力分布．図中の白線は VOF 値が 0.5 の等値線．

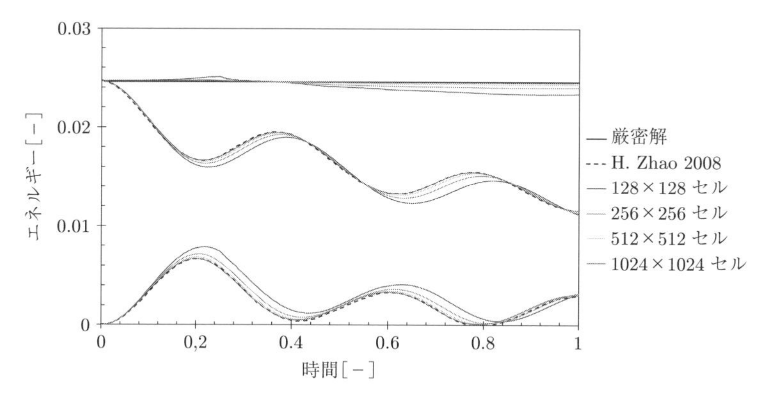

図 3.19　流体中で振動する固体：全エネルギー，運動エネルギー，ひずみエネルギーの時刻歴．黒実線は全エネルギーの厳密解，黒点線は H. Zhao ら [71] による結果．他の線はそれぞれ 128×128 セル，256×256 セル，512×512 セル，1024×1024 セルの計算結果．

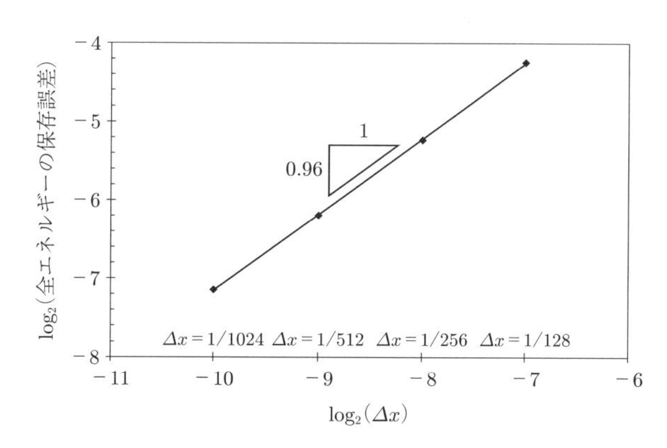

図 3.20　流体中で振動する固体：時刻 $t = 1.00$ における全エネルギーの保存誤差の空間収束性

図 3.19 では，本手法による 1024×1024 セルの結果は，H. Zhao らの結果および総エネルギーの厳密解と定量的に一致している．一方，空間分解能が粗いほど散逸的な結果が得られている．図 3.20 は，$t = 1.00$ での全エネルギーの誤差の空間収束次数が 0.96 であることを示している．

さらに，固体領域の非圧縮性も検証する．図 3.21 は，$J - 1 = \sqrt{|\det \boldsymbol{B}|} - 1$ の

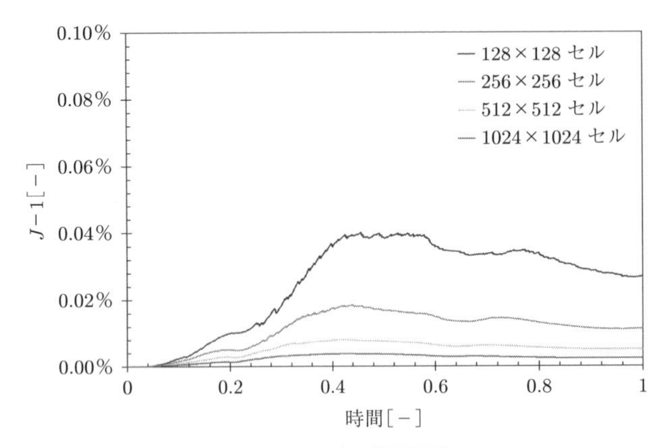

図 3.21　流体中で振動する固体：$J-1=\sqrt{|\det\boldsymbol{B}|}-1$ の時刻歴．図中の線はそれぞれ 128 × 128 セル，256 × 256 セル，512 × 512 セル，1024 × 1024 セルの時刻歴．

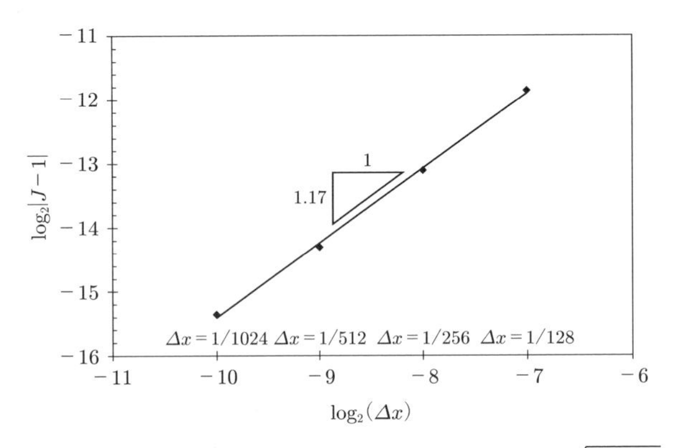

図 3.22　流体中で振動する固体：$t=1.00$ における $J-1=\sqrt{|\det\boldsymbol{B}|}-1$ の空間収束

時刻歴を示す．これは，固体領域の体積変化の誤差である．J は，固体の体積変化率である．図 3.22 に示すように，$J-1$ の空間収束次数は 1.17 である．

3.4.2　キャビティ流れ中の固体 ($G=0.1$)

解析モデルの幾何形状を図 3.23 に示す．$t=0$ で，キャビティ上部の壁が速度 $v_x=1.0$ で水平方向に動き，他の壁は滑りなし境界条件が課される．材料物性は

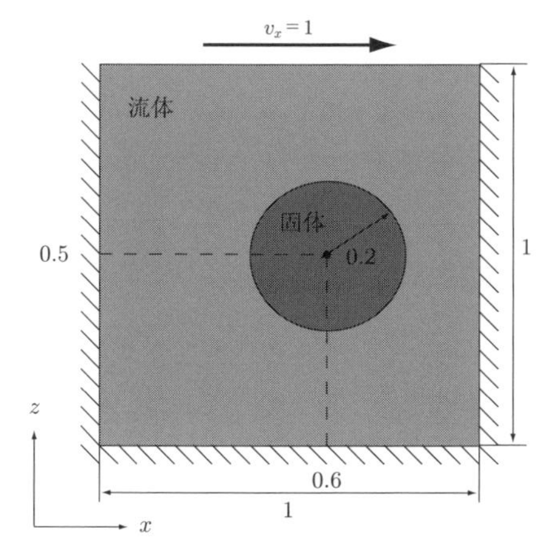

図 3.23　キャビティ流れ中の固体 [71]

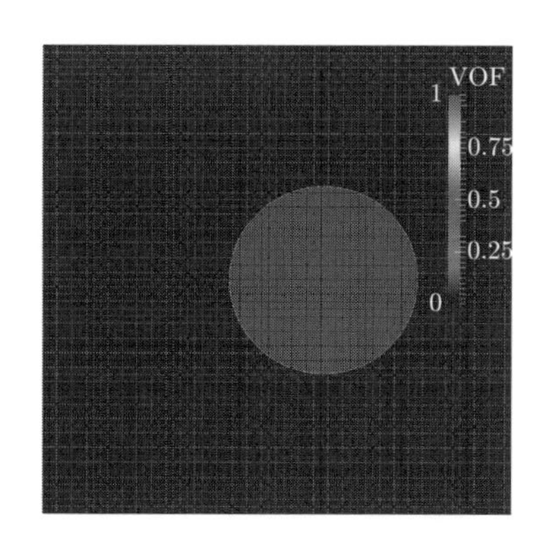

図 3.24　1024×1024 セルの場合のキューブメッシュ

表 3.2　キャビティ流れ中の固体 ($G = 0.1$)：材料物性

固体	
質量密度 ρ_s	1.0
せん断弾性係数 G	0.1
粘性係数 μ	0.01
流体	
質量密度 ρ_f	1.0
粘性係数 μ	0.01

表 3.2 の通りである．

計算領域は図 3.24 に示すように，$1024 \times 2 \times 1024$ セルに一様に分割される．$128 \times 2 \times 128$，$256 \times 2 \times 256$，$512 \times 2 \times 512$ セル分割の場合も検証する．y 方向に周期境界条件を課すことで，2 次元問題をモデル化する．左コーシー–グリーン変形テンソルに対する VOF 関数の閾値として 0.1 を設定する．

図 3.25 は，固体変形について，本手法による結果と H. Zhao らによる結果 [71] を比較したものである．図中の線は，それぞれ 128×128 セル，256×256 セル，

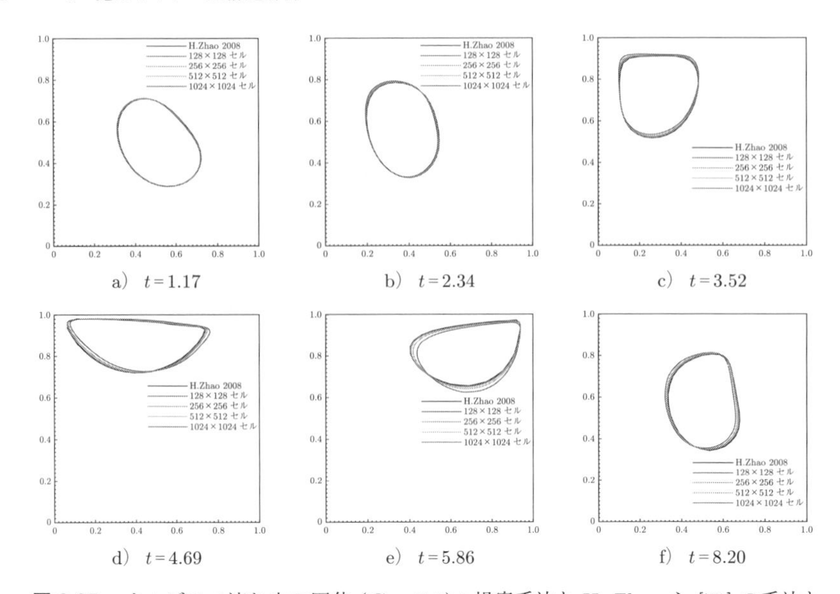

図 3.25　キャビティ流れ中の固体 ($G = 0.1$)：提案手法と H. Zhao ら [71] の手法との固体変形の比較．図中の線はそれぞれ 128×128 セル，256×256 セル，512×512 セル，1024×1024 セルの計算結果（VOF 関数値：0.5）．

512×512 セル，1024×1024 セルの結果を示している．1024×1024 セル分割の結果は，参照解と定量的に良い一致を示しているが，粗い解像度では VOF 関数と左コーシー–グリーン変形テンソルの数値拡散による数値誤差がみられる．

また，固体領域の非圧縮性の誤差についても検証した．図 3.26 は $J - 1 = \sqrt{|\det \boldsymbol{B}|} - 1$ の時刻歴を示している．J は固体の体積変化率であり，$J - 1 = \sqrt{|\det \boldsymbol{B}|} - 1$ は固体領域の体積変化の誤差を意味する．図 3.27 に示すように，$J - 1$ の空間収束次数は 0.91 であった．

3.4.3　キャビティ流れ中の固体 ($G = 10$)

次に，前項と同様の問題設定において，固体のせん断弾性係数 $G = 10$ を設定した場合の数値解析例を示す．

図 3.28 に示すように，メッシュ解像度 1024×1024 セル分割の場合，本手法による結果は参照解と一致していることが確認できる．この数値解析例では，固体変形は非常に小さく，本手法は比較的硬い固体の計算もできることがわかる．さ

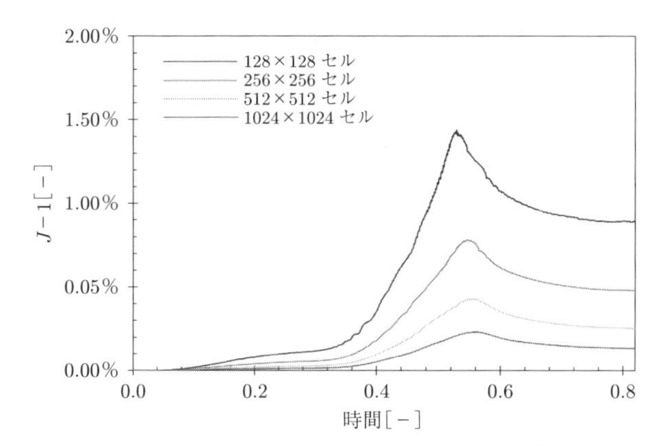

図 3.26 キャビティ流れ中の固体 $(G = 0.1)$：$J - 1 = \sqrt{|\det \boldsymbol{B}|} - 1$ の時刻歴．図中の線はそれぞれ 128×128 セル，256×256 セル，512×512 セル，1024×1024 セルの時刻歴．

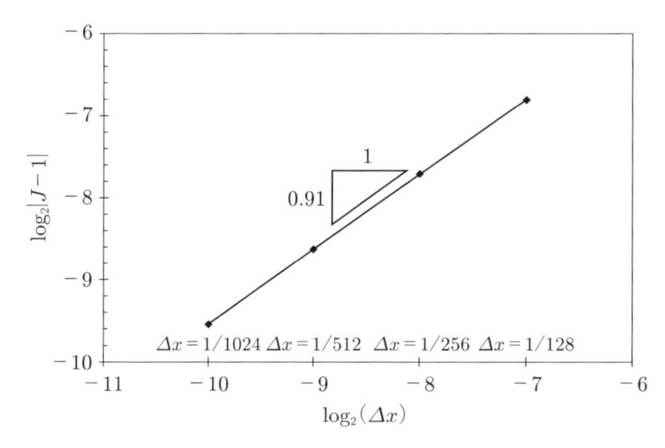

図 3.27 キャビティ流れ中の固体 $(G = 0.1)$：$t = 8.20$ における $J-1 = \sqrt{|\det \boldsymbol{B}|}-1$ の空間収束

らに，図 3.29 に示すとおり，固体の非圧縮性についても検証を行った．図 3.30 に示すように，この数値解析例では，$J - 1$ の空間収束次数は 1.08 であった．

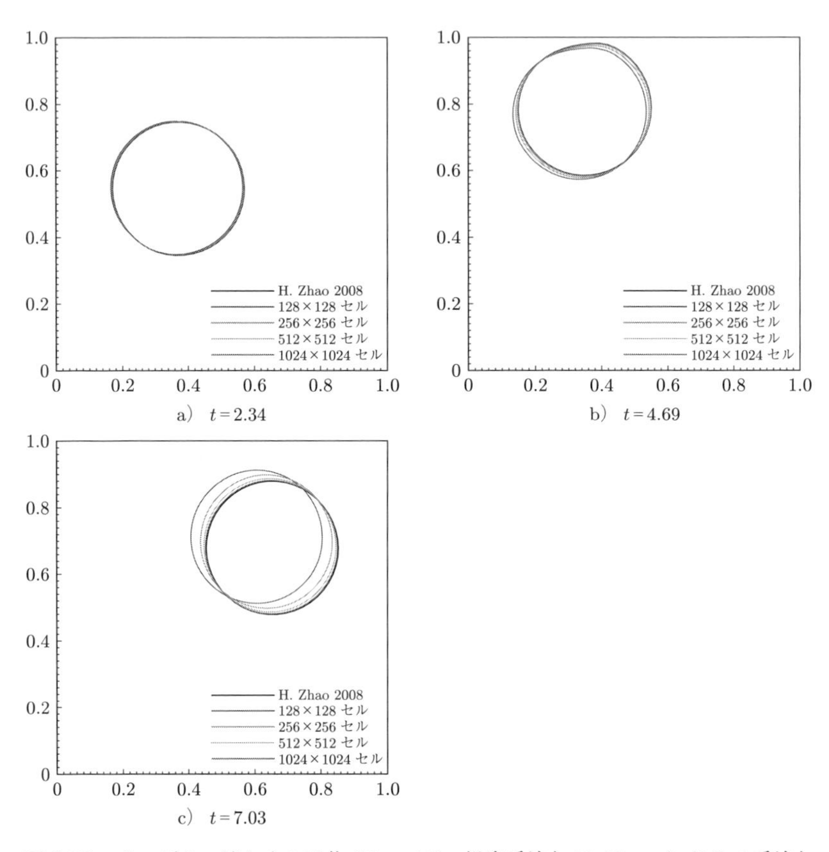

図 3.28　キャビティ流れ中の固体 ($G = 10$)：提案手法と H. Zhao ら [71] の手法との固体変形の比較．図中の線はそれぞれ 128×128 セル，256×256 セル，512×512 セル，1024×1024 セルの計算結果．

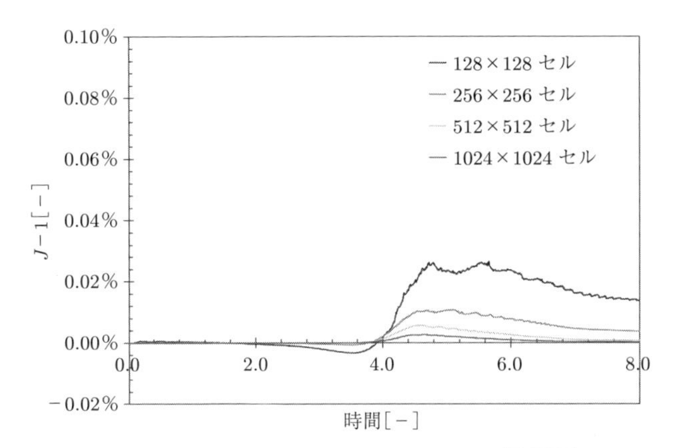

図 3.29　キャビティ流れ中の固体 ($G = 10$)：$J - 1 = \sqrt{|\mathrm{det}\boldsymbol{B}|} - 1$ の時刻歴．図中の線はそれぞれ 128×128 セル，256×256 セル，512×512 セル，1024×1024 セルの時刻歴．

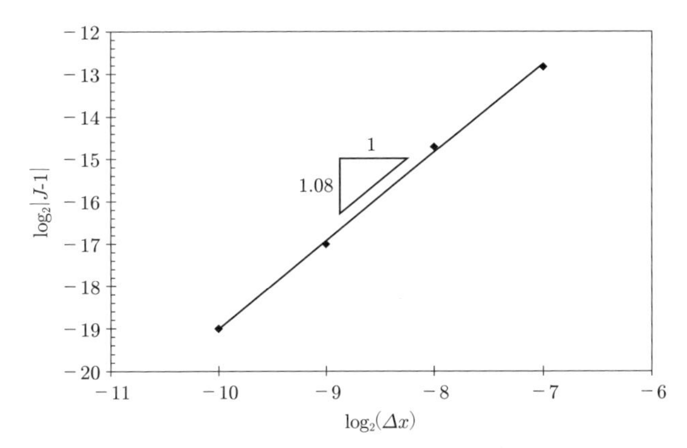

図 3.30　キャビティ流れ中の固体 ($G = 10$)：$t = 8.00$ における $J - 1 = \sqrt{|\mathrm{det}\boldsymbol{B}|} - 1$ の空間収束

4 マーカー粒子を用いたオイラー型構造解析

本章では，マーカー粒子を用いたオイラー型構造解析手法について解説する．完全オイラー型解法で 3 次元 PLIC 法のような高精度な界面捕捉法を導入したとしても，自動車構造や土木建築構造のように，急峻な界面を有する構造の数値シミュレーションは難しい．本章で紹介する手法は，完全オイラー型構造解析が抱える固体界面の境界条件設定や数値拡散の問題を根本的に解決するものである．具体的には，ラグランジュ記述のマーカー粒子を導入することで，固体の位置や内部変数を計算し，数値拡散を抑えつつオイラー型構造解析の適用範囲を拡大することが可能となる．著者らが取り組んだ複数の数値解析例を通じて，完全オイラー型構造解析では困難であった数値解析が実施できることを示すとともに，その妥当性についても論じる．

4.1 マーカー粒子を用いたオイラー型解法の概要

完全オイラー型構造解析は以下の 2 つの点で課題があるため，その適用範囲は限定的である．1 つ目の課題は，空間固定メッシュと固体表面が必ずしも一致しないため，固体界面における力学的境界条件や幾何学的境界条件の付与が難しいことである．2 つ目の課題は，移流計算に起因する固体界面および固体内部変数の数値拡散である．ここで**固体内部変数**とは，固体の応力や相当塑性ひずみなどの経路依存性のある変数のことである．完全オイラー型解析 [7,10,72–75] では，界面捕捉法として VOF (volume-of-fluid) 法 [76]・PLIC (piecewise linear interface calculation) 法 [77]・レベルセット法 [78] などが，また固体内部変数の移流スキームとして 2 次精度 MUSCL 法や 5 次精度 WENO スキームなどが用いられてきたが，高精度スキームを用いたとしても，移流項を計算する限りは，時間発展につれて拡大する界面および固体内部変数の数値拡散を回避することは原理的に不可能である.

1つ目の課題である固体界面における境界条件の付与法に対しては，オイラー型固体解析において有限被覆法により力学的および幾何学的境界条件を付与する方法 [76,77] が提案されている．ただし，これらの手法においても，移流による界面および固体内部変数の数値拡散を回避できない課題は残されている.

2つ目の課題である移流による界面および固体内部変数の数値拡散については，既往の研究では，空間微分量や運動方程式をオイラーメッシュで解き，ラグランジュ記述のマーカー粒子群によって固体の配置と固体内部変数を計算する手法が提案されている．山田らは，マーカー粒子を積分点とする特性ガラーキン有限要素法によるオイラー型固体解析 [78] を提案している．杉山らは，固体領域をマーカー粒子群で定義したオイラー型流体–構造連成解法 [79] を提案している．著者らは，マーカー粒子群で定義された固体の応力波による時間増分制約を緩和するため，応力項の時間積分に半陰解法を用いたオイラー型流体–構造連成解法を提案している [80]．マーカー粒子の導入により固体界面および固体内部変数の数値拡散を回避したことで，従来のオイラー型解法に対してメッシュ解像度を 1/8 に低下させても，固体変形については同等の数値解を得られることが確認されている [80].

なお，上記の手法 [78–80] と関連した手法として，PIC (particle-in-cell) 法 [4]，FLIP (fluid-implicit-particle) 法 [81]，MPM (material point method) [20] が挙げられる．1950 年代後半に流体解析のために提案されたオリジナルの PIC 法 [4] では，圧縮性流体を対象として，流体領域に配置したラグランジュ粒子に質量や化学種情報を保持させ，基礎方程式をオイラーメッシュ上で計算する．FLIP 法 [81] は，PIC 法を発展させた手法として提案され，ラグランジュ粒子に運動量・エネルギーなど，流体のすべての物理量を保持させ，オイラーメッシュ上で基礎方程式を解く手法である．MPM [20] は FLIP 法を固体解析に拡張したものとして提案された．FLIP 法と異なる点は，ラグランジュ粒子上で固体の構成方程式が計算されること，および弱形式で定式化され有限要素法と同様な空間離散化が行われる点である.

つまり，本書で紹介するオイラー型構造解析および上記の手法 [78–80] は，ラ

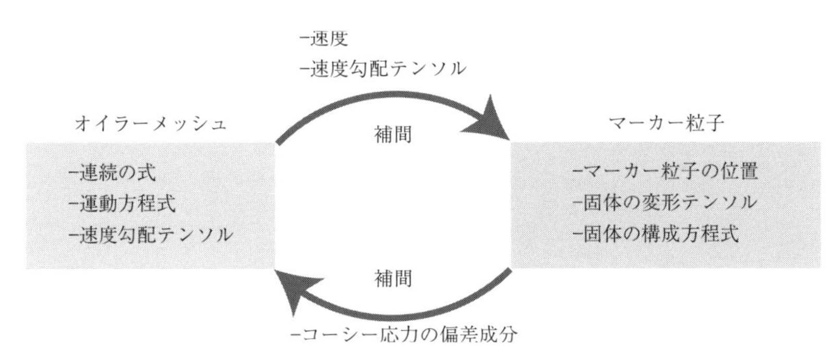

図 4.1 マーカー粒子を用いたオイラー型構造解析の概要

グランジュ粒子に何らかの物理量を保持させながらオイラーメッシュ上で空間微分量および運動方程式を計算する点は，PIC 法・FLIP 法・MPM と同一である．ただし，次の 2 点は本書で紹介するオイラー型構造解析で独自な点である．第一に，基礎方程式の空間離散化に速度ベクトルをセル中心に定義するコロケート有限体積法が用いられている点である．第二に，MPM と異なり，運動方程式の移流項を計算する点である．

本節で述べる数値解析手法は，図 4.1 に示すように，固体の構成方程式を除き，空間微分量（速度勾配テンソルや応力の発散項など）とすべての基礎方程式はオイラーメッシュで計算される．固体の構成方程式はマーカー粒子において計算される．マーカー粒子は固体領域を表し，固体の変形履歴依存量（左コーシー–グリーン変形テンソル，相当塑性ひずみなど）を保持する．なお，図 4.1 に示すように速度ベクトル・速度勾配テンソル・固体の偏差応力などの物理量は，オイラーメッシュとマーカー粒子間で互いに補間される．本手法は，PIC 法，FLIP 法，MPM と同様に，マーカー粒子に関するコネクティビティ情報および近傍粒子探索は不要である．

4.1.1 オイラーメッシュ上の計算

時間離散化

非圧縮性を仮定した体積平均化方程式 (2.85)，(2.86) は，フラクショナル・ステップ法を用いて速度場と圧力場に分離して解かれる．体積平均化された運動方程式 (2.86) は，次式のように書き直すことができる．

$$\frac{\partial(\rho_{\mathrm{mix}}\boldsymbol{v}_{\mathrm{mix}})}{\partial t} = -\nabla\cdot(\rho_{\mathrm{mix}}\boldsymbol{v}_{\mathrm{mix}}\boldsymbol{v}_{\mathrm{mix}}) + \nabla\cdot\boldsymbol{\sigma}'_{\mathrm{mix}} - \nabla p + \rho_{\mathrm{mix}}\boldsymbol{b}, \tag{4.1}$$

ここで，$\boldsymbol{\sigma}'_{\mathrm{mix}}$ は $\boldsymbol{\sigma}_{\mathrm{mix}}$ の偏差成分である．式 (4.1) において，偏差応力の発散は以下のように表せる．

$$\begin{aligned}\nabla\cdot\boldsymbol{\sigma}'_{\mathrm{mix}} &= \nabla\cdot\{\phi_{\mathrm{s}}\overline{\boldsymbol{\sigma}}_{\mathrm{s}} + (1-\phi_{\mathrm{s}})\overline{\boldsymbol{\sigma}}_{\mathrm{f}}\}\\ &= \nabla\cdot\left\{\phi_{\mathrm{s}}G\left(\overline{\boldsymbol{B}} - \overline{\boldsymbol{I}}\right) + 2\mu\overline{\boldsymbol{D}}\right\}\\ &= \nabla\cdot\left\{\phi_{\mathrm{s}}G\left(\overline{\boldsymbol{B}} - \overline{\boldsymbol{I}}\right)\right\} + \mu\nabla^2\boldsymbol{v}_{\mathrm{mix}}\\ &= \nabla\cdot(\phi_{\mathrm{s}}\overline{\boldsymbol{\sigma}}_{\mathrm{ela}}) + \mu\nabla^2\boldsymbol{v}_{\mathrm{mix}},\end{aligned} \tag{4.2}$$

ここで，ϕ_{s} は検査体積 V_{e} における固体の体積率，$\overline{\boldsymbol{\sigma}}_{\mathrm{ela}} = G\left(\overline{\boldsymbol{B}} - \overline{\boldsymbol{I}}\right)$（ただし，上付きバー（例えば $\overline{\boldsymbol{\sigma}}_{\mathrm{ela}}$）は，固体領域 Ω_{s} における体積平均値）である．体積平均化された運動方程式 (4.1) は 2 次のアダムス–バッシュフォース法を用いて時間方向に離散化され，以下のように分離できる．

$$\begin{aligned}\rho^*_{\mathrm{mix}}\boldsymbol{v}^*_{\mathrm{mix}} = \rho^n_{\mathrm{mix}}\boldsymbol{v}^n_{\mathrm{mix}} &+ \frac{3}{2}\Delta t\left\{-\nabla\cdot(\rho_{\mathrm{mix}}\boldsymbol{v}_{\mathrm{mix}}\boldsymbol{v}_{\mathrm{mix}})^n + \nabla\cdot\boldsymbol{\sigma}'^{\,n}_{\mathrm{mix}} + \rho^n_{\mathrm{mix}}\boldsymbol{b}^n\right\}\\ &- \frac{1}{2}\Delta t\left\{-\nabla\cdot(\rho_{\mathrm{mix}}\boldsymbol{v}_{\mathrm{mix}}\boldsymbol{v}_{\mathrm{mix}})^{n-1} + \nabla\cdot\boldsymbol{\sigma}'^{\,n-1}_{\mathrm{mix}} + \rho^{n-1}_{\mathrm{mix}}\boldsymbol{b}^{n-1}\right\},\end{aligned} \tag{4.3}$$

$$\rho^{n+1}_{\mathrm{mix}}\boldsymbol{v}^{n+1}_{\mathrm{mix}} = \rho^*_{\mathrm{mix}}\boldsymbol{v}^*_{\mathrm{mix}} - \Delta t\nabla p^{n+1}, \tag{4.4}$$

ここで，$\boldsymbol{v}^*_{\mathrm{mix}}$ は中間速度である．∇ を両辺に内積することにより，(4.4) は以下のように書くことができる．

$$\nabla\rho^{n+1}_{\mathrm{mix}}\cdot\boldsymbol{v}^{n+1}_{\mathrm{mix}} + \rho^{n+1}_{\mathrm{mix}}\nabla\cdot\boldsymbol{v}^{n+1}_{\mathrm{mix}} = \nabla\rho^*_{\mathrm{mix}}\cdot\boldsymbol{v}^*_{\mathrm{mix}} + \rho^*_{\mathrm{mix}}\nabla\cdot\boldsymbol{v}^*_{\mathrm{mix}} - \Delta t\nabla^2 p^{n+1}, \tag{4.5}$$

$$\nabla^2 p^{n+1} = \frac{\rho^*_{\mathrm{mix}}}{\Delta t}\nabla\cdot\boldsymbol{v}^*_{\mathrm{mix}} \tag{4.6}$$

ここで，非圧縮性条件から $\nabla\cdot\boldsymbol{v}^{n+1}_{\mathrm{mix}} = 0$ が成り立つことを用いた．

空間離散化

本手法では，アルゴリズムを単純化するため，直交メッシュに基づくセル中心有限体積法を用いて基礎方程式の空間離散化を行う．式 (4.3)，(4.4)，(4.6) をそ

れぞれ検査体積 V_e で体積積分することによって，次式を得る．

$$\begin{aligned}
&\int_{V_\mathrm{e}} \rho_\mathrm{mix}^{*} \boldsymbol{v}_\mathrm{mix}^{*}\, dV_\mathrm{e} \\
&\quad = \int_{V_\mathrm{e}} \rho_\mathrm{mix}^{n} \boldsymbol{v}_\mathrm{mix}^{n}\, dV_\mathrm{e} + \frac{3}{2}\Delta t\Big\{ -\int_{V_\mathrm{e}} \nabla\cdot(\rho_\mathrm{mix}\boldsymbol{v}_\mathrm{mix}\boldsymbol{v}_\mathrm{mix})^{n}\, dV_\mathrm{e} \\
&\qquad + \int_{V_\mathrm{e}} \nabla\cdot(\phi_\mathrm{s}^{n}\overline{\boldsymbol{\sigma}}_\mathrm{ela}^{n})\, dV_\mathrm{e} + \int_{V_\mathrm{e}} \mu\nabla^{2}\boldsymbol{v}_\mathrm{mix}^{n}\, dV_\mathrm{e} + \int_{V_\mathrm{e}} \rho_\mathrm{mix}^{n}\boldsymbol{b}^{n}\, dV_\mathrm{e}\Big\} \\
&\qquad - \frac{1}{2}\Delta t\Big\{ -\int_{V_\mathrm{e}} \nabla\cdot(\rho_\mathrm{mix}\boldsymbol{v}_\mathrm{mix}\boldsymbol{v}_\mathrm{mix})^{n-1}\, dV_\mathrm{e} + \int_{V_\mathrm{e}} \nabla\cdot\left(\phi_\mathrm{s}^{n}\overline{\boldsymbol{\sigma}}_\mathrm{ela}^{n-1}\right) dV_\mathrm{e} \\
&\qquad + \int_{V_\mathrm{e}} \mu\nabla^{2}\boldsymbol{v}_\mathrm{mix}^{n-1}\, dV_\mathrm{e} + \int_{V_\mathrm{e}} \rho_\mathrm{mix}^{n-1}\boldsymbol{b}^{n-1}\, dV_\mathrm{e}\Big\},
\end{aligned} \tag{4.7}$$

$$\int_{V_\mathrm{e}} \rho_\mathrm{mix}^{n+1}\boldsymbol{v}_\mathrm{mix}^{n+1}\, dV_\mathrm{e} = \int_{V_\mathrm{e}} \rho_\mathrm{mix}^{*}\boldsymbol{v}_\mathrm{mix}^{*}\, dV_\mathrm{e} - \Delta t\int_{V_\mathrm{e}} \nabla p^{n+1}\, dV_\mathrm{e}, \tag{4.8}$$

$$\int_{V_\mathrm{e}} \nabla^{2} p^{n+1}\, dV_\mathrm{e} = \frac{1}{\Delta t}\int_{V_\mathrm{e}} \rho_\mathrm{mix}^{*}\nabla\cdot\boldsymbol{v}_\mathrm{mix}^{*}\, dV_\mathrm{e} \tag{4.9}$$

式 (4.7)〜(4.9) において，ガウスの発散定理を用いることにより，V_e における発散項の体積積分は，検査体積表面 S_e における表面積分に置き換えられる．

$$\begin{aligned}
&\int_{V_\mathrm{e}} \rho_\mathrm{mix}^{*} \boldsymbol{v}_\mathrm{mix}^{*}\, dV_\mathrm{e} \\
&\quad = \int_{V_\mathrm{e}} \rho_\mathrm{mix}^{n} \boldsymbol{v}_\mathrm{mix}^{n}\, dV_\mathrm{e} + \frac{3}{2}\Delta t\Big\{ -\int_{S_\mathrm{e}} (\rho_\mathrm{mix}\boldsymbol{v}_\mathrm{mix}\boldsymbol{v}_\mathrm{mix})^{n}\cdot\boldsymbol{n}\, dS_\mathrm{e} \\
&\qquad + \int_{S_\mathrm{e}} (\phi_\mathrm{s}^{n}\overline{\boldsymbol{\sigma}}_\mathrm{ela}^{n})\cdot\boldsymbol{n}\, dS_\mathrm{e} + \int_{S_\mathrm{e}} \mu\nabla\boldsymbol{v}_\mathrm{mix}^{n}\cdot\boldsymbol{n}\, dS_\mathrm{e} + \int_{V_\mathrm{e}} \rho_\mathrm{mix}^{n}\boldsymbol{b}^{n}\, dV_\mathrm{e}\Big\} \\
&\qquad - \frac{1}{2}\Delta t\Big\{ -\int_{S_\mathrm{e}} (\rho_\mathrm{mix}\boldsymbol{v}_\mathrm{mix}\boldsymbol{v}_\mathrm{mix})^{n-1}\cdot\boldsymbol{n}\, dS_\mathrm{e} \\
&\qquad + \int_{S_\mathrm{e}} \left(\phi_\mathrm{s}^{n}\overline{\boldsymbol{\sigma}}_\mathrm{ela}^{n-1}\right)\cdot\boldsymbol{n}\, dS_\mathrm{e} + \int_{S_\mathrm{e}} \mu\nabla\boldsymbol{v}_\mathrm{mix}^{n-1}\cdot\boldsymbol{n}\, dS_\mathrm{e} + \int_{V_\mathrm{e}} \rho_\mathrm{mix}^{n-1}\boldsymbol{b}^{n-1}\, dV_\mathrm{e}\Big\},
\end{aligned} \tag{4.10}$$

$$\int_{V_\mathrm{e}} \rho_\mathrm{mix}^{n+1}\boldsymbol{v}_\mathrm{mix}^{n+1}\, dV_\mathrm{e} = \int_{V_\mathrm{e}} \rho_\mathrm{mix}^{*}\boldsymbol{v}_\mathrm{mix}^{*}\, dV_\mathrm{e} - \Delta t\int_{S_\mathrm{e}} p^{n+1}\boldsymbol{n}\, dS_\mathrm{e}, \tag{4.11}$$

$$\int_{S_\mathrm{e}} \nabla p^{n+1}\cdot\boldsymbol{n}\, dS_\mathrm{e} = \frac{1}{\Delta t}\int_{S_\mathrm{e}} \rho_\mathrm{mix}^{*}\boldsymbol{v}_\mathrm{mix}^{*}\cdot\boldsymbol{n}\, dS_\mathrm{e}, \tag{4.12}$$

ここで，$\boldsymbol{n}$ は S_{e} における外向き単位法線ベクトルである．式 (4.10)〜(4.12) は次式のように空間方向に離散化できる．

$$
\begin{aligned}
&[\rho^{*}_{\mathrm{mix}}\boldsymbol{v}^{*}_{\mathrm{mix}}]_{i,j,k}\,V_{\mathrm{e}}\\
&= [\rho^{n}_{\mathrm{mix}}\boldsymbol{v}^{n}_{\mathrm{mix}}]_{i,j,k}\,V_{\mathrm{e}} + \frac{3}{2}\Delta t\Big\{-\sum_{m=1}^{6}(\rho^{n}_{\mathrm{mix}}\boldsymbol{v}^{n}_{\mathrm{mix}}\boldsymbol{v}^{n}_{\mathrm{mix}}\cdot\boldsymbol{n}S_{\mathrm{e}})_{m-\mathrm{face}}\\
&\quad + \sum_{m=1}^{6}(\phi^{n}_{\mathrm{s}}\boldsymbol{\sigma}^{n}_{\mathrm{ela}}\cdot\boldsymbol{n}S_{\mathrm{e}})_{m-\mathrm{face}} + \sum_{m=1}^{6}(\mu\nabla\boldsymbol{v}^{n}_{\mathrm{mix}}\cdot\boldsymbol{n}S_{\mathrm{e}})_{m-\mathrm{face}}\\
&\quad + [\rho^{n}_{\mathrm{mix}}\boldsymbol{b}^{n}]_{i,j,k}\,V_{\mathrm{e}}\Big\} - \frac{1}{2}\Delta t\Big\{-\sum_{m=1}^{6}\left(\rho^{n-1}_{\mathrm{mix}}\boldsymbol{v}^{n-1}_{\mathrm{mix}}\boldsymbol{v}^{n-1}_{\mathrm{mix}}\cdot\boldsymbol{n}S_{\mathrm{e}}\right)_{m-\mathrm{face}}\\
&\quad + \sum_{m=1}^{6}\left(\phi^{n-1}_{\mathrm{s}}\boldsymbol{\sigma}^{n-1}_{\mathrm{ela}}\cdot\boldsymbol{n}S_{\mathrm{e}}\right)_{m-\mathrm{face}} + \sum_{m=1}^{6}\left(\mu\nabla\boldsymbol{v}^{n-1}_{\mathrm{mix}}\cdot\boldsymbol{n}S_{\mathrm{e}}\right)_{m-\mathrm{face}}\\
&\quad + \left[\rho^{n-1}_{\mathrm{mix}}\boldsymbol{b}^{n-1}\right]_{i,j,k}\,V_{\mathrm{e}}\Big\},
\end{aligned}
\tag{4.13}
$$

$$
\left[\rho^{n+1}_{\mathrm{mix}}\boldsymbol{v}^{n+1}_{\mathrm{mix}}\right]_{i,j,k}V_{\mathrm{e}} = [\rho^{*}_{\mathrm{mix}}\boldsymbol{v}^{*}_{\mathrm{mix}}]_{i,j,k}\,V_{\mathrm{e}} - \Delta t\sum_{m=1}^{6}\left(p^{n+1}\boldsymbol{n}S_{\mathrm{e}}\right)_{m-\mathrm{face}},
\tag{4.14}
$$

$$
\sum_{m=1}^{6}\left(\nabla p^{n+1}\cdot\boldsymbol{n}S_{\mathrm{e}}\right)_{m-\mathrm{face}} = \frac{1}{\Delta t}\sum_{m=1}^{6}(\rho^{*}_{\mathrm{mix}}\boldsymbol{v}^{*}_{\mathrm{mix}}\cdot\boldsymbol{n}S_{\mathrm{e}})_{m-\mathrm{face}}
\tag{4.15}
$$

ここで，体積積分はセル中心値を用いて近似され，表面積分は中点公式を用いて近似される．$m\,(m=1,\ldots,6)$ は，直方体であることを仮定した検査体積 V_{e} の表面の数である．添え字の i,j,k はセル中心値の空間インデックスである（図 4.2）．

式 (4.13) において，セル界面で定義された偏差応力 $\boldsymbol{\sigma}_{\mathrm{ela}}$ は式 (4.37) に示すようにマーカー粒子から補間される．また，式 (4.13)〜(4.15) において，移流項，圧力項，運動量はセル中心値を用いて次式のように計算される．

$$
[\rho^{n}v^{n}_{11}v^{n}_{11}]_{i+\frac{1}{2},j,k} = \frac{[\rho^{n}v^{n}_{11}v^{n}_{11}]_{i,j,k} + [\rho^{n}v^{n}_{11}v^{n}_{11}]_{i+1,j,k}}{2},
\tag{4.16}
$$

$$
\left[p^{n+1}\right]_{i+\frac{1}{2},j,k} = \frac{\left[p^{n+1}\right]_{i,j,k} + \left[p^{n+1}\right]_{i+1,j,k}}{2},
\tag{4.17}
$$

$$
\left[\rho^{*}_{\mathrm{mix}}v^{*}_{1,\mathrm{mix}}\right]_{i+\frac{1}{2},j,k} = \frac{\left[\rho^{*}_{\mathrm{mix}}v^{*}_{1,\mathrm{mix}}\right]_{i,j,k} + \left[\rho^{*}_{\mathrm{mix}}v^{*}_{1,\mathrm{mix}}\right]_{i+1,j,k}}{2}.
\tag{4.18}
$$

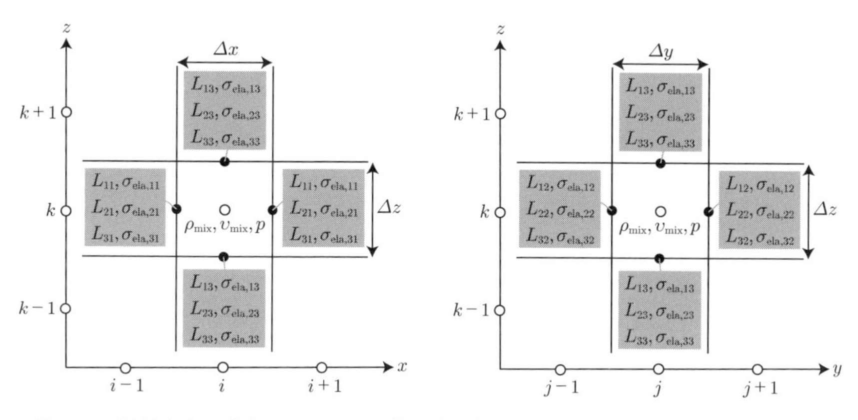

図 4.2 質量密度，速度ベクトル，圧力，速度勾配テンソル，固体の偏差応力テンソルの定義点

上述のように，運動方程式 (4.13) の移流項，応力項，粘性項，速度修正式 (4.14) の右辺，圧力ポアソン方程式 (4.15) は 2 次中心差分法で離散化されている．圧力ポアソン方程式は並列計算に適した**レッド–ブラック SOR** (successive over-relaxation) **法** [47] を用いて計算する．コロケート変数配置によるチェッカーボード不安定現象を避けるため，本手法では Rhie-Chow 法 [48] を用いる．

$$\begin{aligned}
&\left[\rho_{\mathrm{mix}}^{n+1} v_{1,\mathrm{mix}}^{n+1}\right]_{i+\frac{1}{2},j,k} \\
&\quad = \frac{\left[\rho_{\mathrm{mix}}^{*} v_{1,\mathrm{mix}}^{*}\right]_{i,j,k} + \left[\rho_{\mathrm{mix}}^{*} v_{1,\mathrm{mix}}^{*}\right]_{i+1,j,k}}{2} - \Delta t \left(\frac{p_{i+1,j,k}^{n+1} - p_{i,j,k}^{n+1}}{\Delta x} \right),
\end{aligned} \tag{4.19}$$

$$\begin{aligned}
&\left[\rho_{\mathrm{mix}}^{n+1} v_{2,\mathrm{mix}}^{n+1}\right]_{i,j+\frac{1}{2},k} \\
&\quad = \frac{\left[\rho_{\mathrm{mix}}^{*} v_{2,\mathrm{mix}}^{*}\right]_{i,j,k} + \left[\rho_{\mathrm{mix}}^{*} v_{2,\mathrm{mix}}^{*}\right]_{i,j+1,k}}{2} - \Delta t \left(\frac{p_{i,j+1,k}^{n+1} - p_{i,j,k}^{n+1}}{\Delta y} \right),
\end{aligned} \tag{4.20}$$

$$\begin{aligned}
&\left[\rho_{\mathrm{mix}}^{n+1} v_{3,\mathrm{mix}}^{n+1}\right]_{i,j,k+\frac{1}{2}} \\
&\quad = \frac{\left[\rho_{\mathrm{mix}}^{*} v_{3,\mathrm{mix}}^{*}\right]_{i,j,k} + \left[\rho_{\mathrm{mix}}^{*} v_{3,\mathrm{mix}}^{*}\right]_{i,j,k+1}}{2} - \Delta t \left(\frac{p_{i,j,k+1}^{n+1} - p_{i,j,k}^{n+1}}{\Delta z} \right).
\end{aligned} \tag{4.21}$$

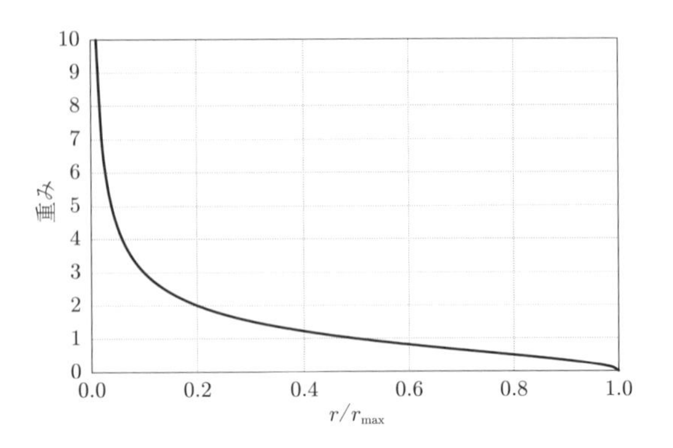

図 4.3　IDW 法の重み関数 $w(r)$

4.1.2　オイラーメッシュからマーカー粒子への補間

運動方程式 (4.13)，圧力ポアソン方程式 (4.15)，速度修正式 (4.14) を順次解いたあと，速度ベクトルと速度勾配テンソルをオイラーメッシュからマーカー粒子に補間する．補間には，**逆距離加重** (IDW: inverse distance weighting) **法** [82] (Franke 1982) を用いる．Lundquist ら [83] が報告しているように，線形補間などの他の補間方法と比較して，IDW 法は補間に影響を与える点を柔軟に選択でき，本手法のように任意の数のマーカー粒子に対する補間アルゴリズムの実装が容易である．なお，IDW 法は 1 次精度の補間方法である [83].

マーカー粒子の速度ベクトル $\boldsymbol{v}_{\mathrm{P}}^{n}$ は次式で与えられる．

$$\boldsymbol{v}_{\mathrm{P}}^{n} = \frac{\sum_{l=1}^{N_{\mathrm{grid}}} w(r_l^n) V_{\mathrm{e},l} \boldsymbol{v}_{\mathrm{mix},l}^{n}}{\sum_{l=1}^{N_{\mathrm{grid}}} w(r_l^n) V_{\mathrm{e},l}}, \tag{4.22}$$

ここで，w は図 4.3 に示す重み関数 [83] であり，次式で与えられる．

$$w(r) = \left(\frac{r_{\max} - r}{r_{\max} r + \varepsilon_r} \right)^{\frac{1}{2}}, \tag{4.23}$$

ここで，r はマーカー粒子とセル中心点の距離，$r_{\max}$ は r の最大値，N_{grid} を満たすセル中心点の数，$V_{\mathrm{e},l}$ は計算セル l の体積，ε_r は数値計算上のゼロ割を回避するために 1.0×10^{-8} を設定する．

同様に，マーカー粒子の速度勾配テンソル $\boldsymbol{L}_{\mathrm{P}}^{n}$ は次式で補間される．

$$\boldsymbol{L}_{\mathrm{P}}^{n} = \frac{\sum_{l=1}^{N_{\mathrm{grid}}} w(r_l^n) V_{\mathrm{e},l} \boldsymbol{L}_l^n}{\sum_{l=1}^{N_{\mathrm{grid}}} w(r_l^n) V_{\mathrm{e},l}}, \tag{4.24}$$

ここで，r はマーカー粒子とセル界面中心点との距離，$r_{\max}$ は r の最大値，N_{grid} は $r \leq r_{\max}$ を満たすセル界面中心点の数である．オイラーメッシュのセル界面中心点における速度勾配テンソル $\boldsymbol{L}_l^n$ は，次式のように 2 次中心差分法により計算される．

$$[L_{11}]_{i+\frac{1}{2},j,k} = \left[\frac{\partial v_{1,\mathrm{mix}}}{\partial x}\right]_{i+\frac{1}{2},j,k} \cong \frac{[v_{1,\mathrm{mix}}]_{i+1,j,k} - [v_{1,\mathrm{mix}}]_{i,j,k}}{\Delta x}, \tag{4.25}$$

$$[L_{21}]_{i+\frac{1}{2},j,k} = \left[\frac{\partial v_{2,\mathrm{mix}}}{\partial x}\right]_{i+\frac{1}{2},j,k} \cong \frac{[v_{2,\mathrm{mix}}]_{i+1,j,k} - [v_{2,\mathrm{mix}}]_{i,j,k}}{\Delta x}, \tag{4.26}$$

$$[L_{31}]_{i+\frac{1}{2},j,k} = \left[\frac{\partial v_{3,\mathrm{mix}}}{\partial x}\right]_{i+\frac{1}{2},j,k} \cong \frac{[v_{3,\mathrm{mix}}]_{i+1,j,k} - [v_{3,\mathrm{mix}}]_{i,j,k}}{\Delta x}, \tag{4.27}$$

$$[L_{12}]_{i,j+\frac{1}{2},k} = \left[\frac{\partial v_{1,\mathrm{mix}}}{\partial y}\right]_{i,j+\frac{1}{2},k} \cong \frac{[v_{1,\mathrm{mix}}]_{i,j+1,k} - [v_{1,\mathrm{mix}}]_{i,j,k}}{\Delta y}, \tag{4.28}$$

$$[L_{22}]_{i,j+\frac{1}{2},k} = \left[\frac{\partial v_{2,\mathrm{mix}}}{\partial y}\right]_{i,j+\frac{1}{2},k} \cong \frac{[v_{2,\mathrm{mix}}]_{i,j+1,k} - [v_{2,\mathrm{mix}}]_{i,j,k}}{\Delta y}, \tag{4.29}$$

$$[L_{32}]_{i,j+\frac{1}{2},k} = \left[\frac{\partial v_{3,\mathrm{mix}}}{\partial y}\right]_{i,j+\frac{1}{2},k} \cong \frac{[v_{3,\mathrm{mix}}]_{i,j+1,k} - [v_{3,\mathrm{mix}}]_{i,j,k}}{\Delta y}, \tag{4.30}$$

$$[L_{13}]_{i,j,k+\frac{1}{2}} = \left[\frac{\partial v_{1,\mathrm{mix}}}{\partial z}\right]_{i,j,k+\frac{1}{2}} \cong \frac{[v_{1,\mathrm{mix}}]_{i,j+1,k} - [v_{1,\mathrm{mix}}]_{i,j,k}}{\Delta z}, \tag{4.31}$$

$$[L_{23}]_{i,j,k+\frac{1}{2}} = \left[\frac{\partial v_{2,\mathrm{mix}}}{\partial z}\right]_{i,j,k+\frac{1}{2}} \cong \frac{[v_{2,\mathrm{mix}}]_{i,j,k+1} - [v_{2,\mathrm{mix}}]_{i,j,k}}{\Delta z}, \tag{4.32}$$

$$[L_{33}]_{i,j,k+\frac{1}{2}} = \left[\frac{\partial v_{3,\mathrm{mix}}}{\partial z}\right]_{i,j,k+\frac{1}{2}} \cong \frac{[v_{3,\mathrm{mix}}]_{i,j,k+1} - [v_{3,\mathrm{mix}}]_{i,j,k}}{\Delta z}. \tag{4.33}$$

4.1.3　マーカー粒子上の計算

マーカー粒子上においては，固体の位置ベクトル $\boldsymbol{x}_{\mathrm{P}}$ および左コーシー–グリーン変形テンソル $\boldsymbol{B}_{\mathrm{P}}^{n+1}$ の時間発展式 (2.92) は次式で計算される．

$$\boldsymbol{x}_{\mathrm{P}}^{n+1} = \boldsymbol{x}_{\mathrm{P}}^{n} + \Delta t \left(\frac{3}{2}\boldsymbol{v}_{\mathrm{P}}^{n} - \frac{1}{2}\boldsymbol{v}_{\mathrm{P}}^{n-1}\right), \tag{4.34}$$

$$\boldsymbol{B}_{\mathrm{P}}^{n+1} = \boldsymbol{B}_{\mathrm{P}}^{n} + \frac{\Delta t}{2}\Big\{3\left(\boldsymbol{L}_{\mathrm{P}}^{n}\cdot\boldsymbol{B}_{\mathrm{P}}^{n} + \boldsymbol{B}_{\mathrm{P}}^{n}\cdot\boldsymbol{L}_{\mathrm{P}}^{n\,T}\right) - \left(\boldsymbol{L}_{\mathrm{P}}^{n-1}\cdot\boldsymbol{B}_{\mathrm{P}}^{n-1} + \boldsymbol{B}_{\mathrm{P}}^{n-1}\cdot\boldsymbol{L}_{\mathrm{P}}^{n-1\,T}\right)\Big\}. \tag{4.35}$$

したがって，固体の偏差応力テンソル $\boldsymbol{\sigma}_{\mathrm{ela,\,P}}$ は次式で計算される．

$$\boldsymbol{\sigma}_{\mathrm{ela,\,P}}^{n+1} = G\left(\boldsymbol{B}_{\mathrm{P}}^{n+1} - \boldsymbol{I}\right). \tag{4.36}$$

4.1.4　マーカー粒子からオイラーメッシュへの補間

マーカー粒子の固体の偏差応力テンソル $\boldsymbol{\sigma}_{\mathrm{ela,\,P}}^{n+1}$ が得られたあと，これをオイラーメッシュのセル界面中心点に補間する．

$$\boldsymbol{\sigma}_{\mathrm{ela}}^{n+1} = \frac{\sum_{l=1}^{N_{\mathrm{P}}} w(r_l^n) V_{\mathrm{P},l}\,\boldsymbol{\sigma}_{\mathrm{ela,\,P},l}^{n+1}}{\sum_{l=1}^{N_{\mathrm{P}}} w(r_l^n) V_{\mathrm{P},l}}, \tag{4.37}$$

ここで，r はセル界面中心点とマーカー粒子の距離，$r_{\max}$ は r の最大値，N_{P} は $r \leq r_{\max}$ を満たすマーカー粒子の数，$V_{\mathrm{P},l}$ はマーカー粒子 l の体積である．

さらに，速度境界条件を付与する場合は，次式のように，マーカー粒子に与えた所定の速度ベクトル $\hat{\boldsymbol{v}}_{\mathrm{P}}$ をマーカー粒子からオイラーメッシュへ補間することで，オイラーメッシュ上の速度ベクトル値を強制する．

$$\boldsymbol{v}^{n+1} = \sum_{i=1}^{N_{\mathrm{P}}} \hat{\boldsymbol{v}}_{\mathrm{P},i}\,\delta(\boldsymbol{x}_i^{\mathrm{cnt}} - \boldsymbol{x}_{\mathrm{P}}^n) V_{\mathrm{P}} \tag{4.38}$$

なお，以上に述べたオイラーメッシュとマーカー粒子間の変数補間は，コード実装上はマーカー粒子のインデックス番号でループ処理が行われるため，近傍の粒子を探索するなどのアルゴリズムは不要である．

4.2　数値解析例

本章で述べた手法の妥当性と有用性を検証するため，3 章に示した流体–構造連成解析問題を取り上げる．また，円孔付き平板の引張解析およびせん断解析における固体応力分布を有限要素法による参照解と比較検証する．さらに，メッシュ解像度とマーカー粒子の配置密度を変化させた場合の応力分布を検証することで，所望の解析精度を得るために必要なメッシュ解像度，マーカー粒子の配置密度，およびその計算コストを明らかにする．

なお，幾何形状として円孔付き平板を選んだ理由は2つある．第一の理由は，ボクセル有限要素法などの直交メッシュを用いる解法では固体の曲面が階段状に近似され，不自然な応力集中が生じることが知られているため，本章で述べる手法による数値解の挙動を検証したいことである．第二の理由は，完全オイラー型構造解析では移流計算による数値拡散のために界面近傍の応力集中の再現が困難であることから，界面近傍の応力集中が再現できるか否かを検証したいことである．本章で示す構造解析では，固体材料として鋼を想定し，固体の材料パラメータとして，$\rho = 7850\,\mathrm{kg/m^3}$，$E = 200\,\mathrm{GPa}$，$\nu = 0.3$ を与える．ここで，E はヤング率，ν はポアソン比である．また，固体が存在しない領域には，数値計算上のゼロ割を避けるために $\rho = 1.0\,\mathrm{kg/m^3}$ を設定する．

4.2.1 流体中で振動する固体

解析モデルは3.4.1項に示した例題と同一である．この問題では，完全オイラー型構造解析と比較することで，マーカー粒子を用いた手法によって解析精度が向上することを示す．図4.4に変形した固体界面の比較結果を示すが，この例題では固体の移動・変形は3.4.2項に示した例題と比較して小さいため，界面補足法による手法とマーカー粒子による手法とで大きな差は生じない．一方，エネルギーの時刻歴については，図4.5 a) に示すように，同一の空間解像度ではマーカー粒子による手法で高い精度が得られることがわかる．また，図4.6に示すように，すべての解像度においてエネルギー保存誤差が減少しており，空間解像度に対する誤差の収束次数も向上していることが確認できる．

4.2.2 キャビティ流れ中の固体 ($G = 0.1$)

解析モデルは3.4.2項に示した例題と同一である．図4.7，4.8に示すように，完全オイラー型構造解析とマーカー粒子を用いたオイラー型構造解析を比較した場合，マーカー粒子による方法の方が参照解に近いことが確認でき，固体界面の表現についても精度が向上することが確認できる．

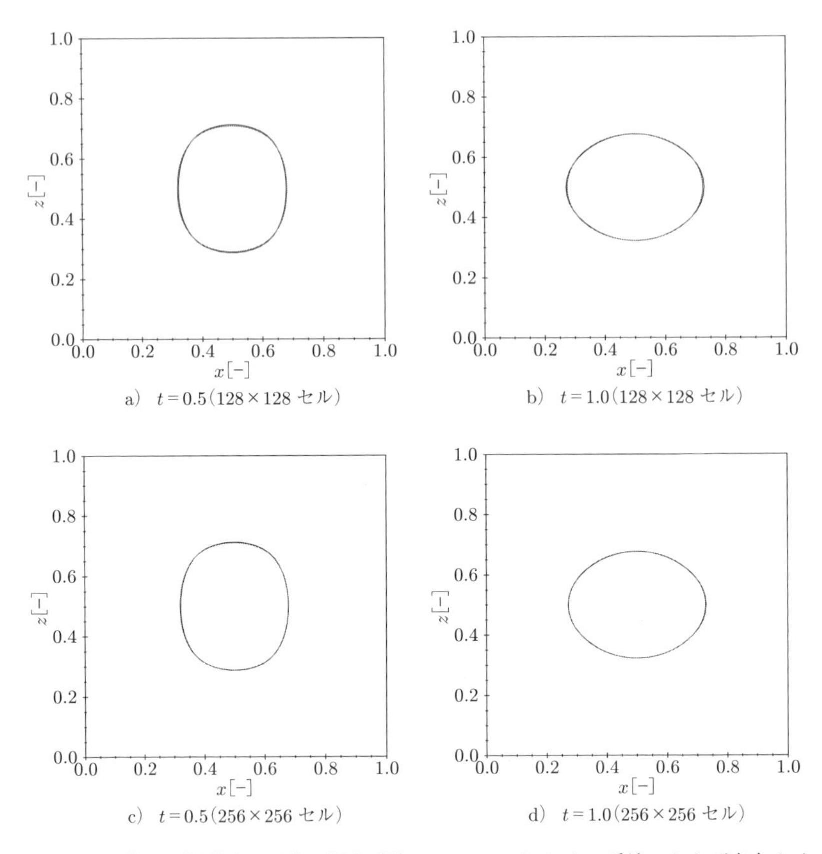

a）$t = 0.5$（128 × 128 セル）　b）$t = 1.0$（128 × 128 セル）

c）$t = 0.5$（256 × 256 セル）　d）$t = 1.0$（256 × 256 セル）

図 4.4　流体中で振動する固体：提案手法，H. Zhao ら [71] の手法，および完全オイラー型解法 [75] との固体変形の比較

4.2.3　急峻な角部を有する固体の弾性回復

次の例題は，完全オイラー型構造解析では，固体界面の捕捉が難しい急峻な角部を有する固体形状を用いた流体–構造連成解析である（図 4.9）．表 4.1 に材料物性を示す．固体は 0.4×0.4 の正方形であり，解析領域上端と下端にそれぞれ反対向きの x 方向速度を $0 < t < 0.5$ で作用させ，それ以後は速度を作用させない．なお，解析領域の上端と下端は滑りなし壁の境界条件，右端と左端は対流流出境界条件である．

図 4.10〜4.13 より，マーカー粒子によって，完全オイラー型構造解析では数値

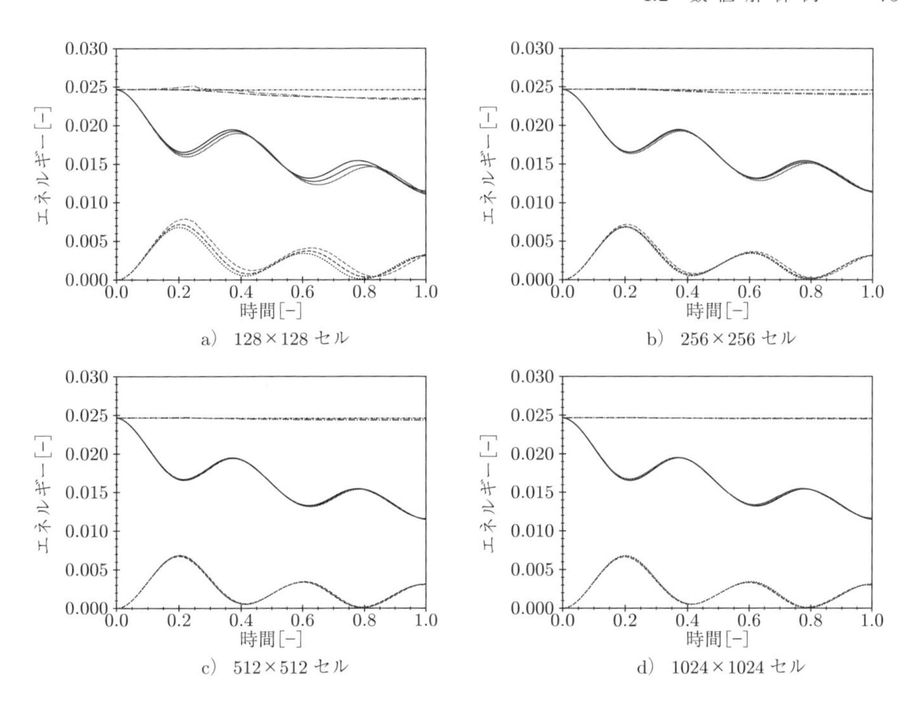

図 4.5　流体中で振動する固体：全エネルギー，運動エネルギー，ひずみエネルギーの時刻歴．提案手法，H. Zhao ら [71]，完全オイラー型解法 [75] による計算結果．

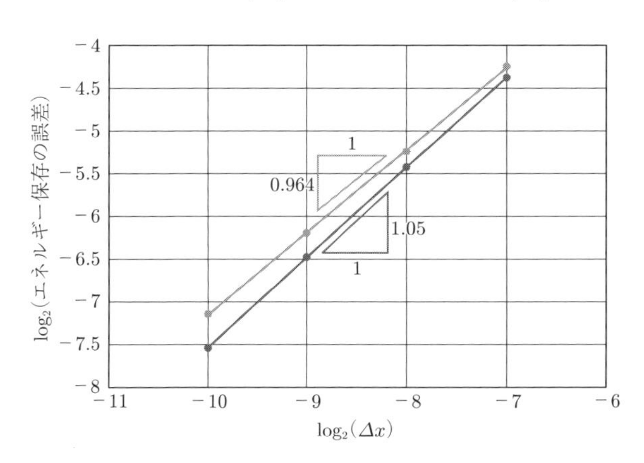

図 4.6　流体中で振動する固体：$t = 1.00$ における全エネルギー誤差の空間収束

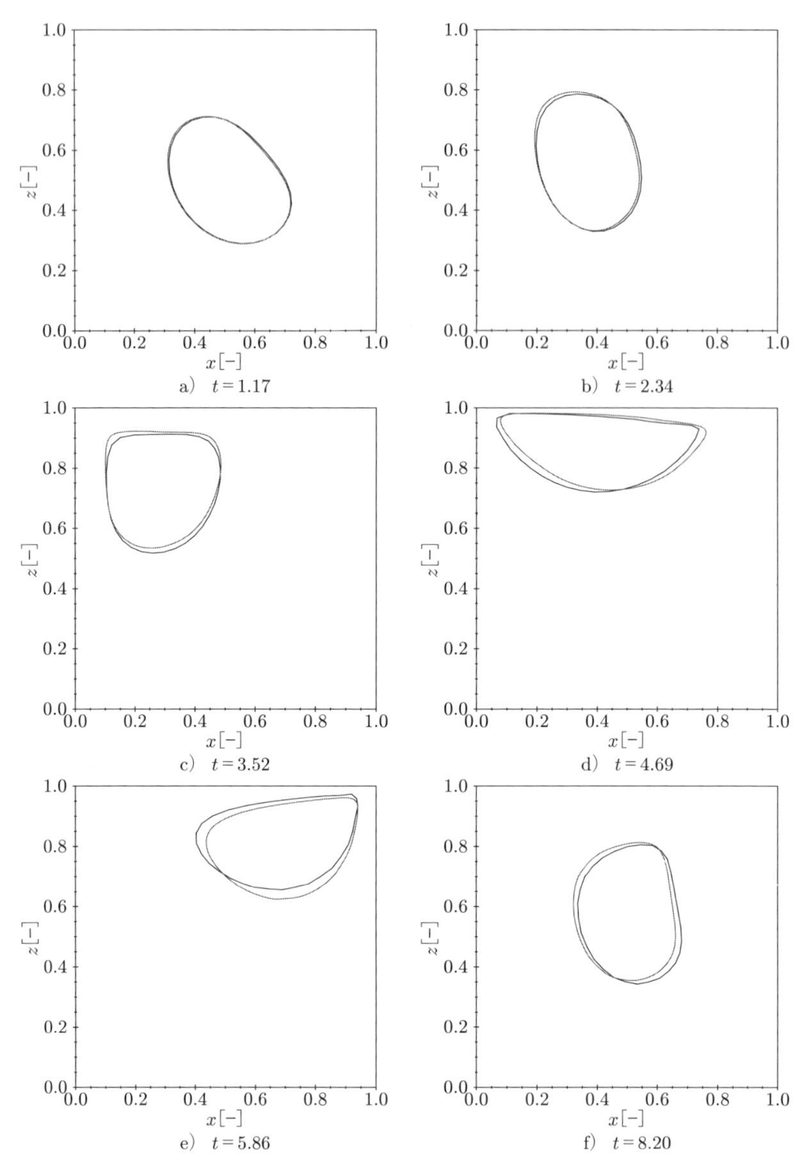

図 4.7　キャビティ流れ中の固体：提案手法（128×128 セル），H. Zhao [71] の手法，および完全オイラー型解法 [75] の手法との固体変形の比較

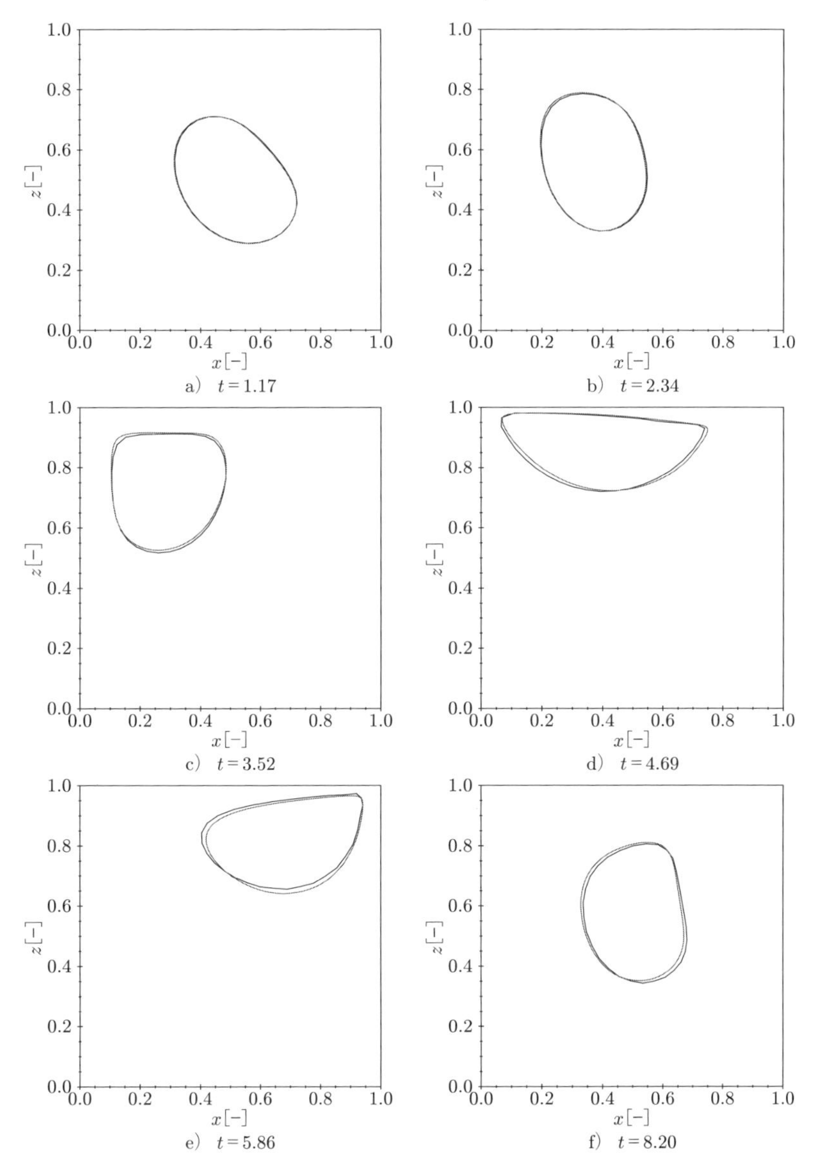

図 4.8 キャビティ流れ中の固体：提案手法（256 × 256 セル），H. Zhao ら [71] の手法，および，完全オイラー型解法 [75] の手法との固体変形の比較

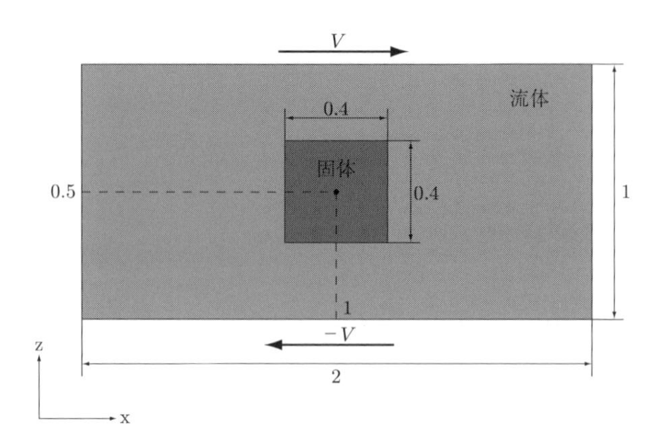

図 4.9　解析モデル

表 4.1　急峻な角部を有する固体の弾性回復：材料物性

固体	
質量密度 ρ_{s}	1.0
せん断弾性係数 G	1.0
粘性係数 μ	0.1
液体	
質量密度 ρ_{f}	1.0
粘性係数 μ	0.1

拡散のため捕捉が困難であった急峻な角部が再現され，空間解像度を上げるにしたがい，角部も弾性回復し，初期形状に収束することが確認できる．図 4.14 は固体領域の体積保存誤差の時刻歴であるが，空間解像度を上げるにつれて誤差が収束していることがわかる．

4.2.4　円孔付き平板の引張変形

円孔付き平板の引張変形問題について述べる．平板の高さは 1.0 m，幅は 0.5 m とし，板の中心に直径 0.25 m の円孔が配置されている．図 4.15 に円孔付き平板および計算メッシュを示す．

図 4.15 の a) は参照解の算出に用いる十分に細かい有限要素メッシュで，円孔

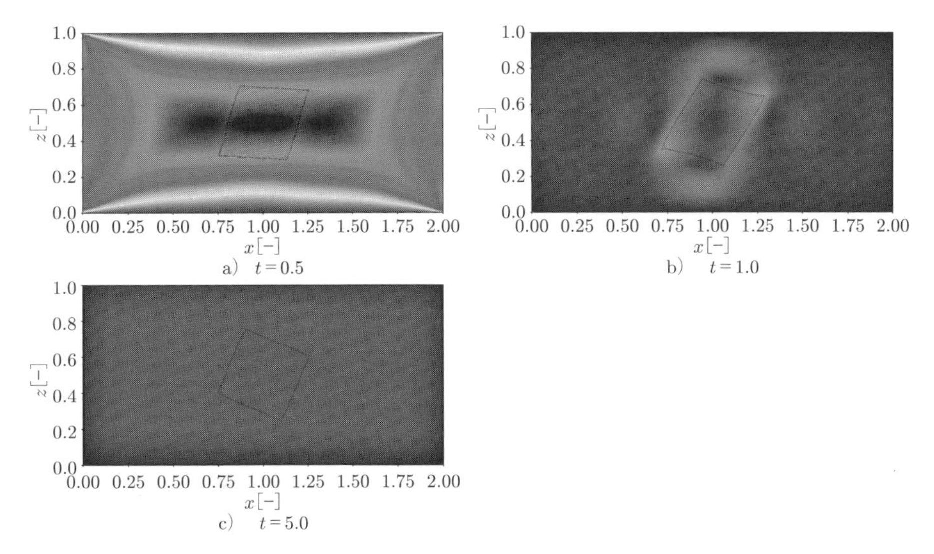

図 4.10　急峻な角部を有する固体の弾性回復：128 × 64 セルにおける変形および速度分布

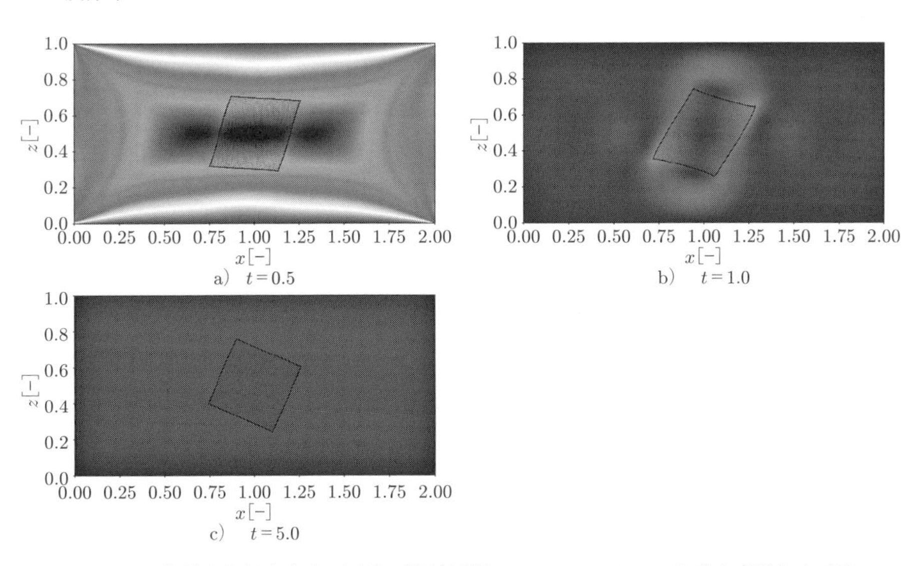

図 4.11　急峻な角部を有する固体の弾性回復：256 × 128 セルにおける変形および速度分布

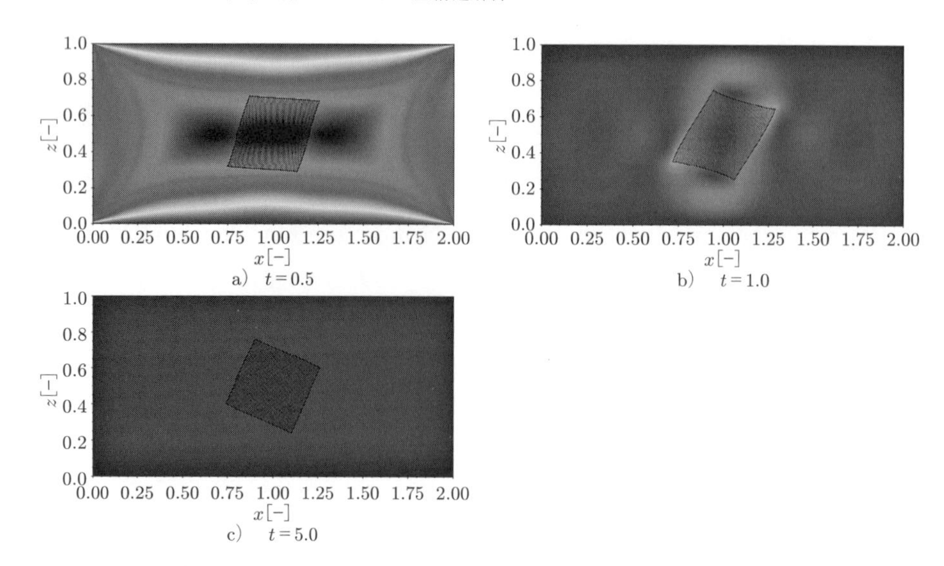

図 4.12　急峻な角部を有する固体の弾性回復：512 × 256 セルにおける変形および速度分布

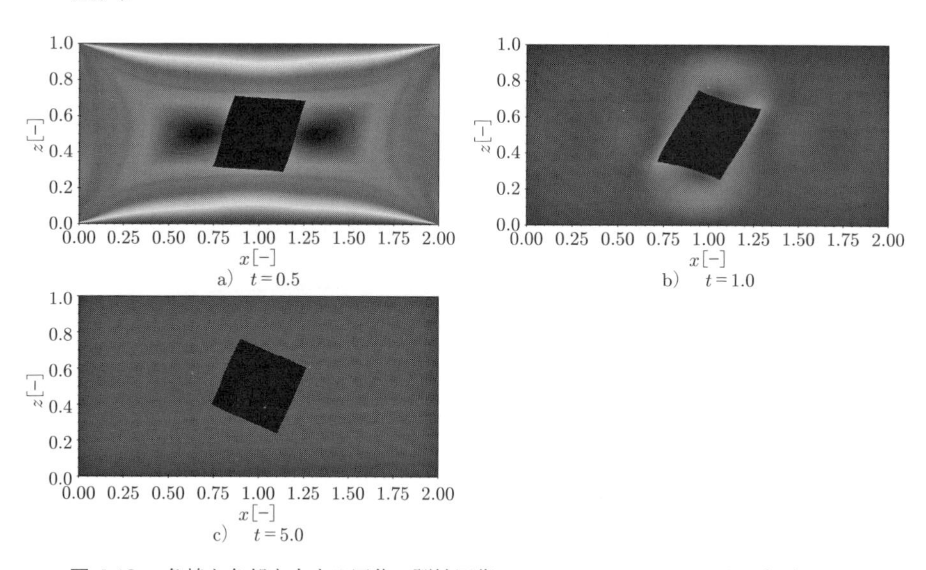

図 4.13　急峻な角部を有する固体の弾性回復：1024 × 512 セルにおける変形および速度分布

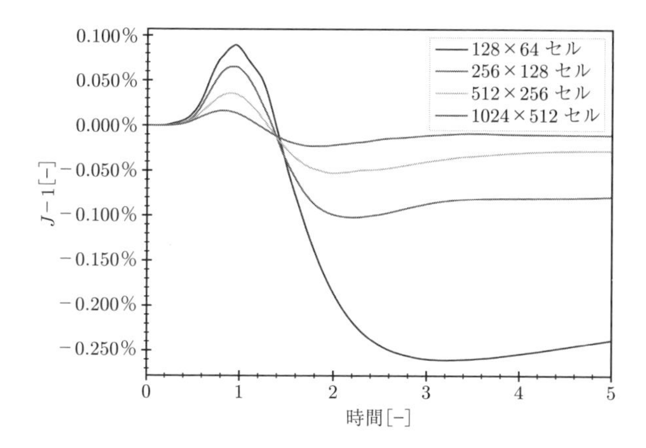

図 4.14 急峻な角部を有する固体の弾性回復：$J-1=\sqrt{|\det \boldsymbol{B}|}-1$ の時刻歴．図中の線はそれぞれ 128×128 セル，256×256 セル，512×512 セル，1024×1024 セルの時刻歴．

周囲を除く直交に分割された領域の有限要素サイズは 1/640 m である．図 4.15 の b)〜f) はビルディング・キューブ法におけるキューブメッシュであり，各キューブには $16\times1\times16$ 個のセルが等間隔に配置されている．つまり $\Delta x=\Delta y=\Delta z$ であり，$h(=\Delta x=\Delta y=\Delta z)$ はセルサイズ，D は円孔直径を表す．図 4.15 の b)〜f) において，濃い色の領域はマーカー粒子で表された固体領域であり，薄い色の領域は速度境界条件を付与するために設置したマーカー粒子である．

図 4.15 において，紙面に垂直な方向（y 方向）の板の長さは単位長さを仮定し，y 方向速度をゼロとすることで平面ひずみ状態を仮定する．平板の下端は全方向の速度成分をゼロに固定し，平板の上端には z 軸正の向きに $2.0\times t$ なる時間方向に線形的に増加する引張速度を与える．その他の端面には拘束条件は付与されない．以上の速度境界条件は薄い色の領域に配置されたマーカー粒子によって付与される．

本例題では解析時間を 1 ms までとする．したがって平板上端の変位は 1 μm であり，微小変形問題とみなせる．このような条件下での計算では，各空間解像度において応力波速度に対する CFL 数が 0.1874 になるように時間増分サイズを設定している．

なお，有限要素法による参照解の算出には商用固体解析コード LS-DYNA を使

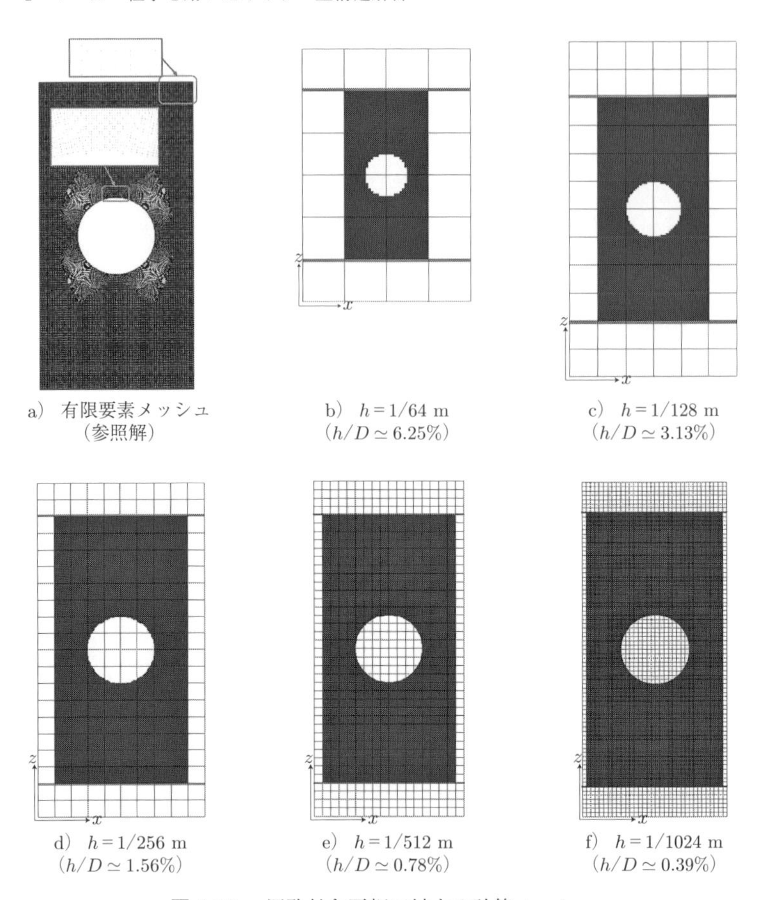

a）有限要素メッシュ（参照解）

b）$h = 1/64$ m（$h/D \simeq 6.25\%$）

c）$h = 1/128$ m（$h/D \simeq 3.13\%$）

d）$h = 1/256$ m（$h/D \simeq 1.56\%$）

e）$h = 1/512$ m（$h/D \simeq 0.78\%$）

f）$h = 1/1024$ m（$h/D \simeq 0.39\%$）

図 4.15　円孔付き平板に対する計算メッシュ

用した．時間積分法としてニューマーク・ベータ法による動的陰解法を用い，時間増分サイズは 0.1 ms とした．有限要素としては選択低減積分ソリッド要素を，構成方程式としては線形弾性体を用いた．ここで仮定している構成方程式は圧縮性ネオフック体であり，LS-DYNA の構成方程式と異なるが，微小変形領域においては線形弾性体と圧縮性ネオフック体の構成方程式は近似的に等価であると考えることができる．

図 4.16 に，$t = 1$ ms における参照解および各空間解像度におけるマーカー粒子とそのミーゼス応力分布を示す．なお，この計算では 1 セル中のマーカー粒子数

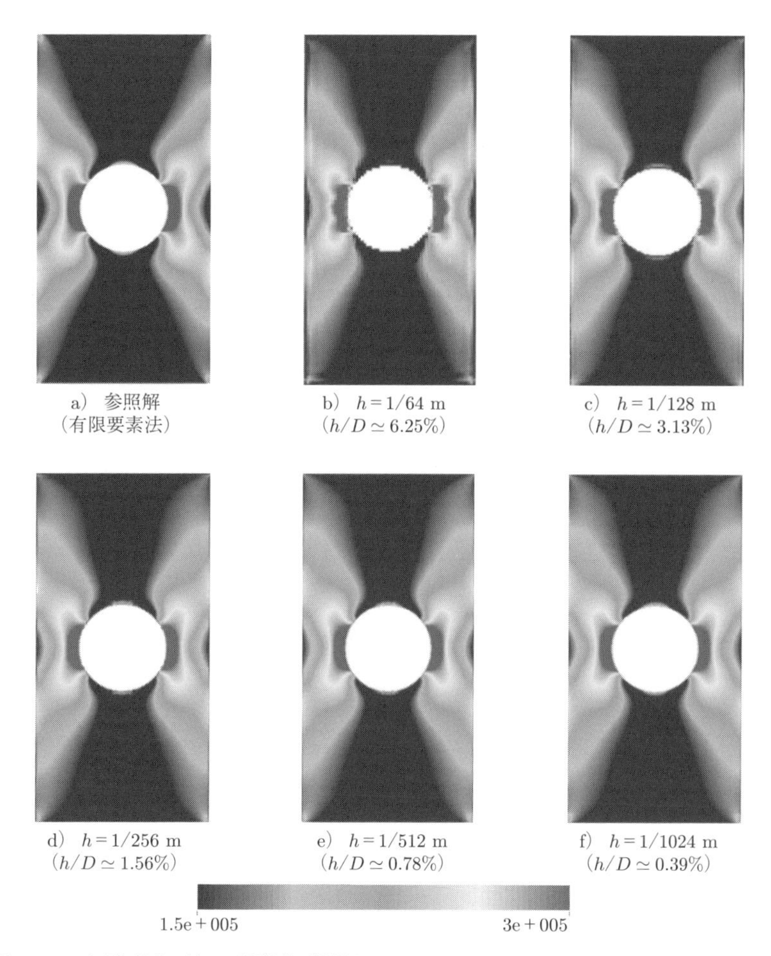

図 4.16　円孔付き平板の引張変形問題：$t = 1$ ms におけるマーカー粒子とそのミーゼス応力分布（1 セル中のマーカー粒子数を 2×2 個に固定した場合）

を 2×2 個に固定している．図 4.16 より，円孔直径に対するセルサイズの比率が 0.78 %以下の結果は参照解と良い一致を示し，特に円孔の上部および下部の応力集中が再現されていることがわかる．一方，円孔直径に対するセルサイズの比率が 1.56 %以上の場合，平板の四隅に応力振動が発生していることがわかる．これは，速度境界条件が付与されるセルとその周囲のセルで速度場が不連続になっており，これらのセルの速度から計算される速度勾配が過大に評価されてしまうことが原因である．空間解像度が低い場合においても，この応力振動を回避するには，左コーシー–グリーン変形テンソルの計算において，式 (2.92) のように速度勾配計算が必要な方法ではなく，速度勾配計算が不要であるリファレンス・マップ法（式 (2.93)）が有効である．

4.2.5　円孔付き平板のせん断変形

円孔付き平板のせん断変形問題について述べる．平板の上端に x 軸正の向きに $2.0 \times t$ なる時間方向で線形的に増加するせん断速度を与えること以外は，前項の例題と解析条件は同一である．

図 4.17 に，$t = 1\,\mathrm{ms}$ における参照解および各空間解像度におけるマーカー粒子とそのミーゼス応力分布を示す．図 4.17 より，円孔直径に対するセルサイズの比率が 0.78 %以下の結果は参照解と概ね良い一致を示し，特に円孔周囲の応力集中が再現されていることがわかる．しかしながら，引張変形問題の場合と同様に，速度境界条件が付与されるセルとその周囲のセルで速度場が不連続であることに起因する不自然な応力振動が発生することが確認される．

次に，表 4.2 に示すように，各空間解像度においてマーカー粒子の配置密度を変化させた場合の応力分布を検証するとともに，その計算コストを調査する．使用ハードウェアは京コンピュータ（CPU：SPARC64 VIIIfx，ネットワーク：6 次元メッシュ/トーラス）で，各空間解像度の計算で使用したコア数は表 4.3 に示す通りであり，1 コアに割り当てられるセル数が同一になるように設定している．

まず，マーカー粒子の配置密度を変化させた場合の計算時間については，表 4.2 に示すように，いずれの空間解像度においても，マーカー粒子数が 1 個から 2×2

表 4.2　円孔付き平板のせん断変形：計算時間比較（単位：分）

		セルサイズ h[m]			
		1/64	1/128	1/256	1/512
1 セル中のマーカー粒子数	1	0.51	1.26	2.79	5.75
	2×2	0.99	2.48	5.48	11.23
	4×4	3.00	7.94	17.12	34.55

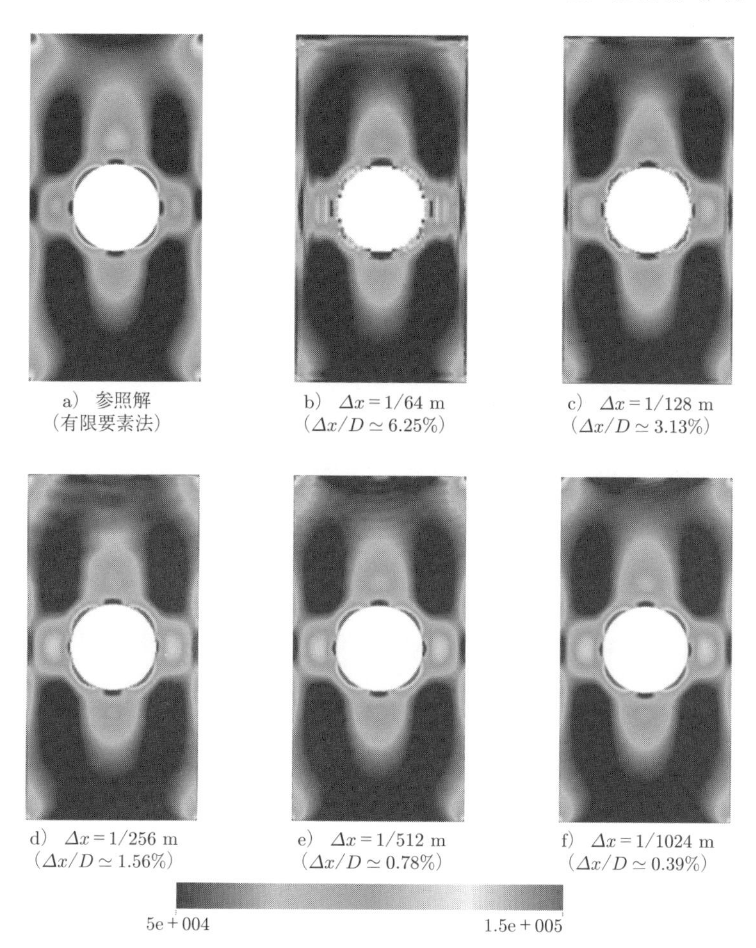

図 4.17　円孔付き平板のせん断変形問題：$t = 1\,\mathrm{ms}$ におけるマーカー粒子とそのミーゼス応力分布（1 セル中のマーカー粒子数を 2×2 個に固定した場合）

個になると約 2 倍，4×4 個になると約 6 倍になることが確認される．

次に，マーカー粒子の配置密度を変化させた場合のミーゼス応力分布の変化について検討する．図 4.18〜4.20 に，各空間解像度（$h = 1/1024\,\mathrm{m}$，$h = 1/512\,\mathrm{m}$，$h = 1/256\,\mathrm{m}$）において，1 セル中のマーカー粒子数を変化させたときのミーゼス応力を示す．図 4.18〜4.20 より，いずれの空間解像度においても，1 セル中のマーカー粒子数が 1 個の場合には円孔周囲の応力集中は参照解より小さくなり，1

表 **4.3**　円孔付き平板のせん断変形：計算条件

h[m]	$\Delta t[\mu\mathrm{s}]$	CFL 数	セル数	コア数	$\frac{\text{セル数}}{\text{コア数}}$
1/64	0.5000	0.1874	98304	24	4096
1/128	0.2500	0.1874	294912	72	4096
1/256	0.1250	0.1874	819200	200	4096
1/512	0.0625	0.1874	2949120	720	4096

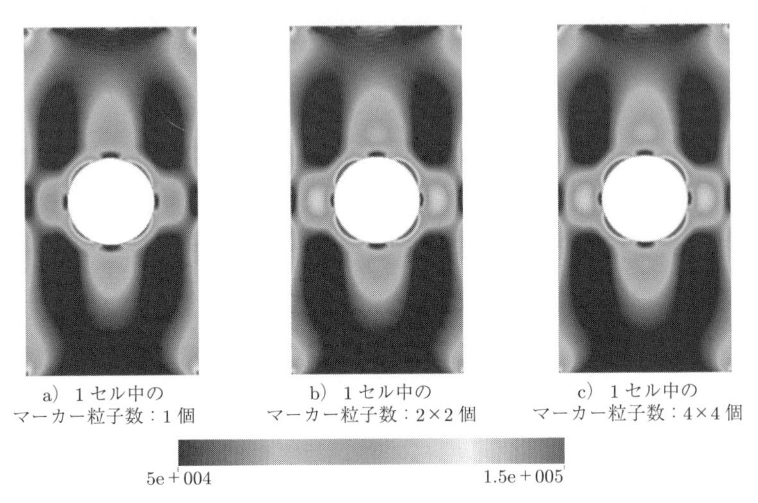

図 **4.18**　円孔付き平板のせん断変形問題：$t = 1\,\mathrm{ms}$ におけるマーカー粒子とそのミーゼス応力分布（セルサイズを $h = 1/1024\,\mathrm{m}$ に固定）

セル中のマーカー粒子数が 2×2 個の場合と粒子数 4×4 個の場合には，ミーゼス応力分布はほぼ同一で参照解と概ね良い一致を示す．したがって，本例題においては1セル中のマーカー粒子数は 2×2 個で十分であるといえる．なお，速度境界条件が付与されるセルとその周囲のセルで速度場が不連続であることに起因する不自然な応力振動は，マーカー粒子数を増加させても改善しない．これは前述の通り，オイラーメッシュにおいて速度境界条件が付与されるセルとその周囲のセルの速度から計算される速度勾配が過大に評価されてしまうためである．

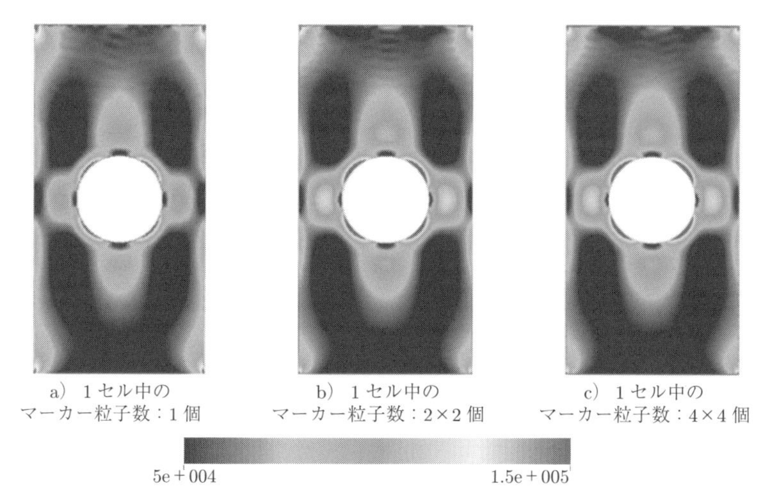

図 4.19 円孔付き平板のせん断変形問題：$t = 1\,\mathrm{ms}$ におけるマーカー粒子とそのミーゼス応力分布（セルサイズを $h = 1/512\,\mathrm{m}$ に固定）

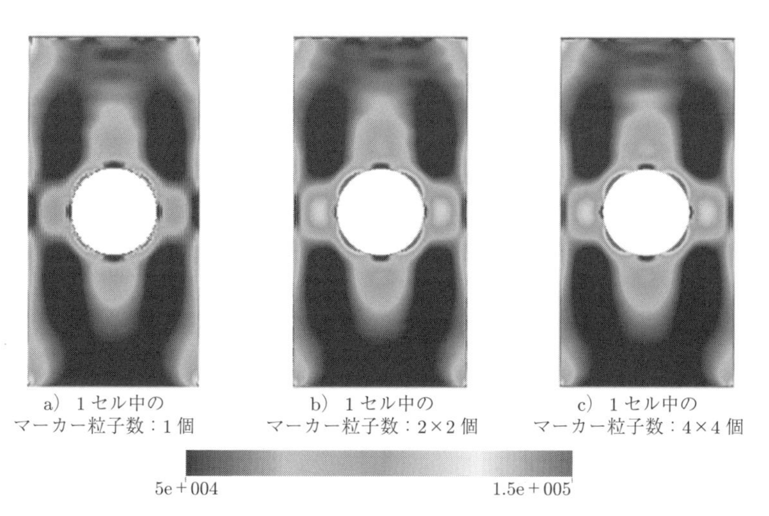

図 4.20 円孔付き平板のせん断変形問題：$t = 1\,\mathrm{ms}$ におけるマーカー粒子とそのミーゼス応力分布（セルサイズを $h = 1/256\,\mathrm{m}$ に固定）

5 階層直交メッシュを用いた超並列計算法

本章では，階層直交メッシュを用いた超並列計算法として，ビルディング・キューブ法 (BCM) の概要とその効率的な並列計算手法について述べる．BCM は計算領域を直交メッシュで分割し，メッシュ生成の容易さと並列化の効率性が特徴である．各キューブは階層構造によって管理され，Z オーダリングを用いた空間インデックスの採用により，データの局所性を維持しつつ高効率な並列処理を実現する．BCM の利点として，非構造メッシュに比べてメモリ消費が少なく，メッシュ生成が高速である点が挙げられる．また，数値解析の実施例を通じて，本手法の並列化効率と計算精度を検証する．

5.1 ビルディング・キューブ法の概要

ビルディング・キューブ法 (BCM: building cube method) [84] は，計算領域をキューブと呼ばれる領域に分割する階層直交メッシュ法であり（図 5.1），**適合格子細分化** (AMR: adaptive mesh refinement) **法**のひとつである．つまり，所望の領域を局所的に細かくできるため，複雑形状を効率的に捕捉することができる．一般に，適合格子細分化法を用いた並列計算では，データ構造が複雑になりやすく，メモリアクセスが不連続になるため，各計算コアの計算負荷を均一にするのは容易ではない．

一方，BCM では各計算コアの計算負荷は均等化され，メモリアクセスは局所的かつ連続的になるため，高い並列化効率を得やすい．なぜなら，BCM では，各キューブが等間隔・同数の計算セルで分割され，かつ各計算コアに同数のキューブが割り当てられ，空間インデックスのループ処理がキューブ毎に実行されるからである．BCM は，階層直交メッシュ法であるため，最小セルサイズが同一の一

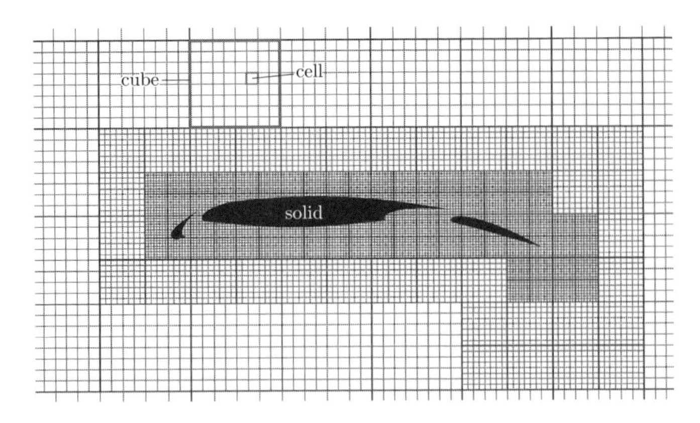

図 **5.1**　BCM によるメッシュ分割例

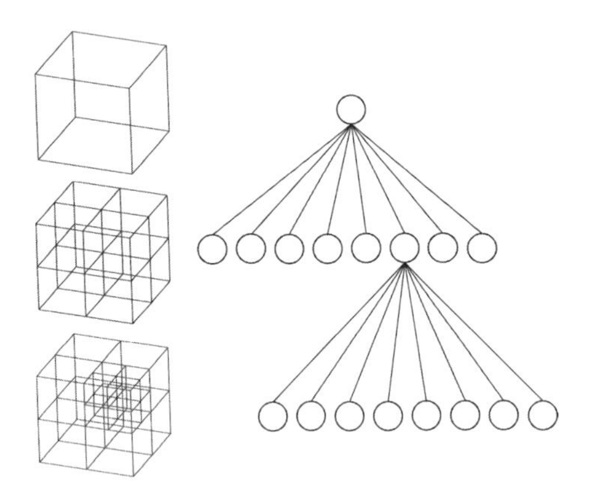

図 **5.2**　八分木の概念

様な直交メッシュと比較して，計算中に使用されるメッシュデータファイルサイズとメモリ量は小さい．また，各計算セルの接続情報が不要であるため，必要なメモリ容量は非構造メッシュと比較して小さい．さらに，BCM は複雑構造に対して，非構造メッシュよりも高速に計算メッシュを生成できる [85]．

5.2　キューブのデータ構造

キューブで構成されるメッシュのデータ構造は八分木であり，3 次元領域が各軸で 2 つに分割され，オクタントと呼ばれる 8 つの領域に再帰的に分割される（図

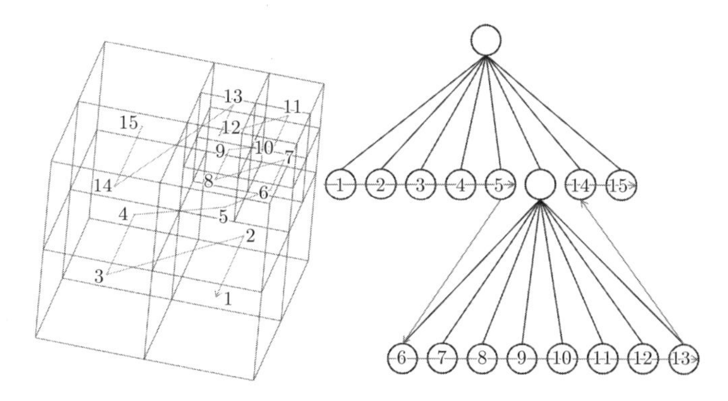

図 5.3　Z オーダリングによるキューブの空間インデックス．図中の矢印線は空間充填曲線を表し，数字はキューブの空間インデックスを表す．左側の立方体の矢印線は，右側の八分木の矢印線に対応している．

5.2)．キューブは八分木構造の最下層のオクタントに対応する．キューブの空間インデックスは，空間充填曲線の一種である Z オーダリング [86] を使用して 1 次元配列に格納することで，ループ処理アルゴリズムを簡素化し，異なる MPI ランク間のデータ転送コストを最小限に抑える（図 5.3）．

5.3　メッシュ生成手順

BCM では，STL データにより表された固体形状に適合した計算メッシュを生成できる．STL (standard triangle language) とは 3 次元 CAD データ形式のひとつである．オイラー型構造解析では，STL データから各計算セルにおける体積率（VOF 関数）を求める必要があり，公開ソフトウェアである V–Xgen [87] を用いた．

図 5.4 に示す固体形状を例に，計算メッシュ作成手順を説明する．図 5.4 a に示すように，まず固体を含む計算領域のサイズを決定し，その計算領域は粗いキューブで分割される（図 5.4 b）．キューブ分割は，固体を含むキューブの最小キューブサイズなどの事前設定された閾値に達するまで，再帰的に繰り返される（図 5.4 c–f）．この過程においては，隣接するキューブのサイズが 2 倍または半分になるように，キューブが分割される（図 5.4c–d）．この理由は，大きく異なるサイズのキューブ間のデータ交換による精度低下を回避するためである．そして最後に，図 5.4f に

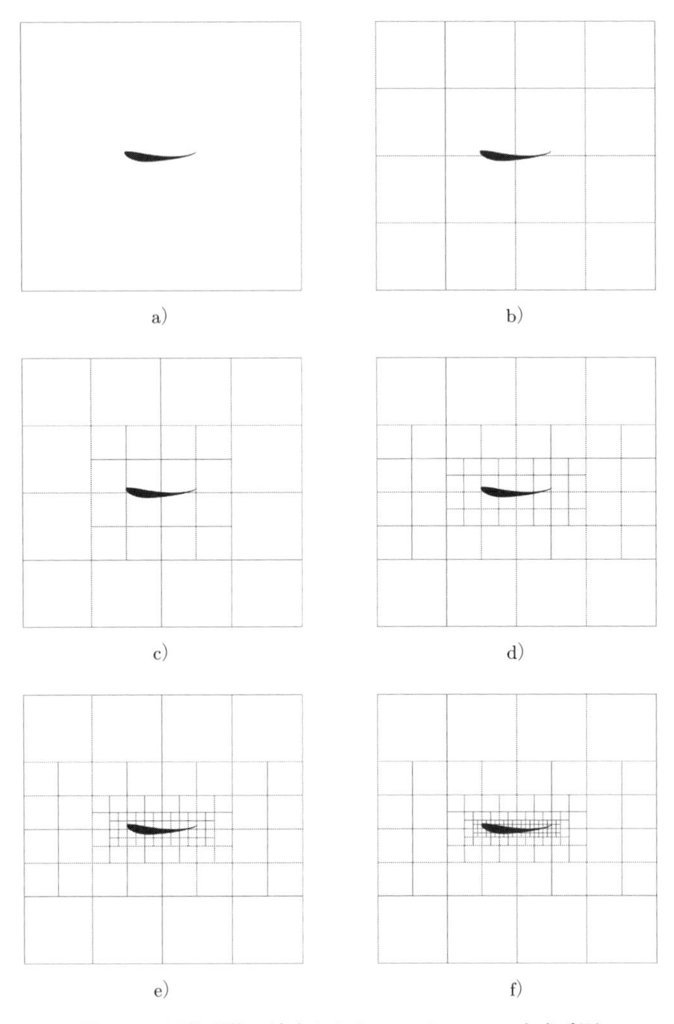

図 5.4　固体形状に適合したキューブメッシュ生成手順

示すように，各キューブを等間隔の同数のセルに分割することにより，メッシュ生成が完了する．メッシュ生成のフローチャートを図 5.5 に示す．

なお，本書で示す手法では，固体の変形・移動に応じてメッシュの粗密を動的に変化させる動的 AMR を実装していないため，変形・移動することが予想される固体領域のメッシュ細分化を事前に行う必要がある．

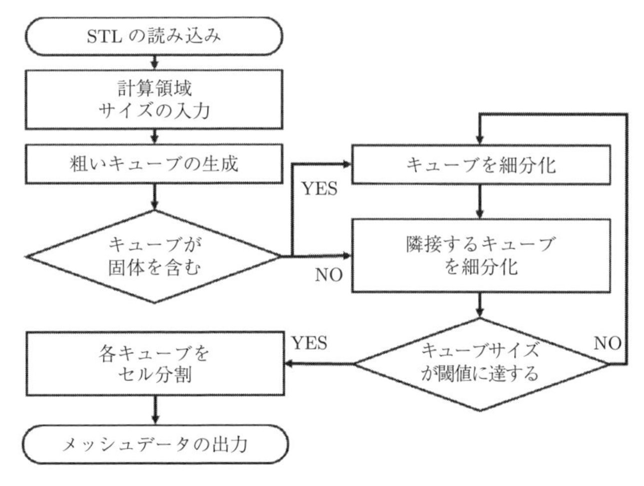

図 5.5　メッシュ生成のフローチャート

5.4　領域分割と袖領域通信

本手法では，MPI と OpenMP によるハイブリッド並列を用いる [88]．キューブ全体は MPI ランクに分割され，各 MPI ランクにおいて数値カーネル（空間インデックスのループ処理）のスレッド並列化が行われる．各 MPI ランクの計算負荷が均一になるように，ある MPI ランクに割り当てられたキューブのローカル番号 n は，次式で計算される．

$$n = \mathrm{floor}\left(\frac{N + P - p - 1}{P}\right), \tag{5.1}$$

ここで，“floor” は床関数，N はキューブの総数，P は MPI ランクの総数，p はある MPI ランクを意味する．異なる MPI ランク間のデータ転送コストを最小化するために，キューブ番号は，各 MPI ランクにおいて Z オーダリングにより 1 次元配列に格納される．

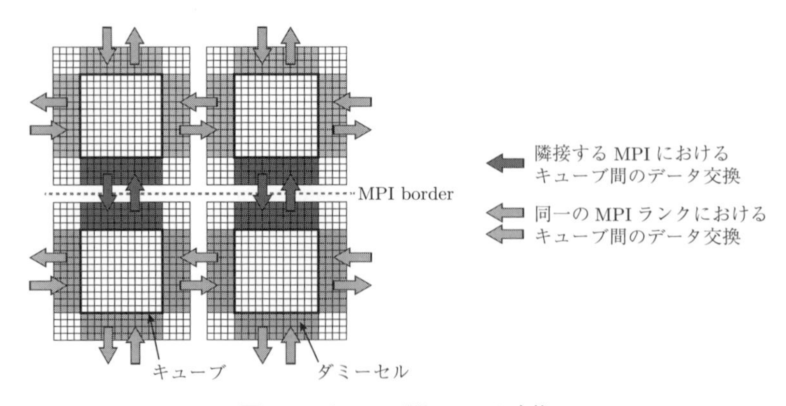

図 5.6　キューブ間のデータ交換

キューブ間のデータ交換

BCM では空間インデックスのループ処理がキューブ単位で実行されるため，隣接するキューブ間でデータを交換する必要がある．図 5.6 に示すように，各キューブにダミーセル [89] を設定する．ダミーセルはゴーストセルとも呼ばれる．BCM では，異なる MPI ランクにキューブ間でデータが交換されるだけでなく，同一 MPI ランクに属するキューブ間でもデータ交換が行われる（図 5.6）．本手法では，ダミーセルの幅は 4 セルであり，速度，圧力，左コーシー–グリーン変形テンソル，VOF 関数などがキューブ間で交換される．

BCM では大きさの異なるキューブが存在しうるため，そのデータ交換は次の 3 つの場合に分けられる．

1. 同じサイズの立方体間のデータ交換：データ補間は必要ない．
2. 異なるサイズのキューブ間のデータ交換 (1)：小さなキューブから大きなキューブへのデータの補間が必要．
3. 異なるサイズのキューブ間のデータ交換 (2)：大きなキューブから小さなキューブへのデータの補間が必要．

ラグランジュ補間を使用することで，上記のケース (1) と (2) の補間精度が改善できることが報告されている [90]．ただし，本書ではアルゴリズムを簡略化す

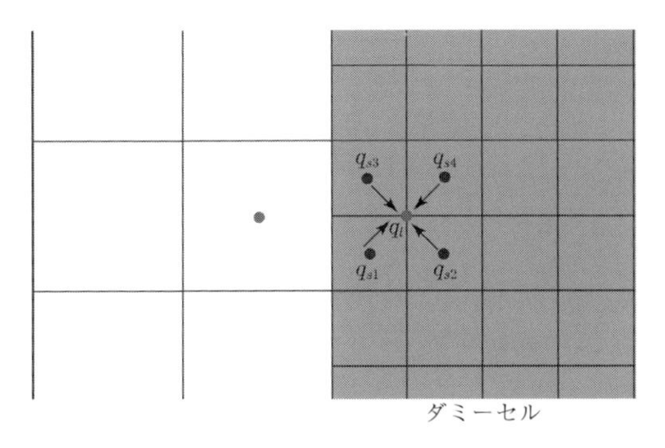

図 5.7 小さいキューブから大きいキューブへの補間

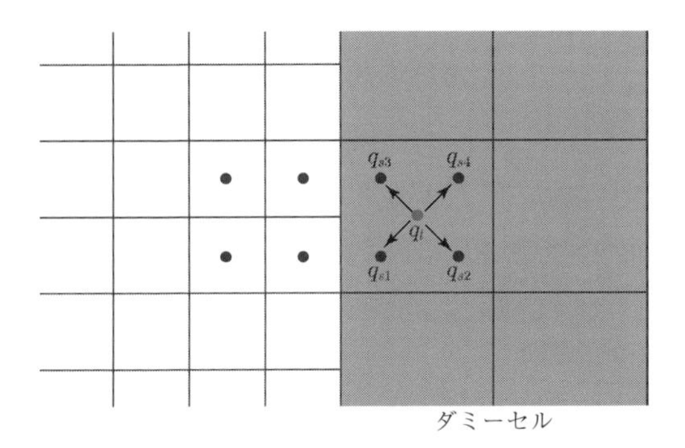

図 5.8 大きいキューブから小さいキューブへの補間

るために，次の補間方法を採用する [91].

ケース (1) のデータ交換では，小さいキューブから大きいキューブへの補間に，1 次精度の線形補間を使用する．図 5.7 に示すように，大きいキューブにおけるセル中心値 q_l は，隣接する小さいキューブにおけるセル中心値 $q_{s1}, q_{s2}, q_{s3}, q_{s4}$ を用いて次式で補間させる．

$$q_l = \frac{q_{s1} + q_{s2} + q_{s3} + q_{s4}}{4} \tag{5.2}$$

ケース (2) のデータ交換では，大きなキューブから小さなキューブにデータをコピーする．つまり，0 次補間であり，小さなキューブのセル中心値 $q_{s1}, q_{s2}, q_{s3}, q_{s4}$ は，大きいキューブのセル中心値 q_l を用いて次式で補間される（図 5.8）．

$$q_{s1} = q_{s2} = q_{s3} = q_{s4} = q_l \tag{5.3}$$

5.5　流体–構造連成問題における並列化効率

本節では，完全オイラー型構造解析の並列化効率を検証する．使用した計算機は，SPARC64 IXfx プロセッサを搭載した PRIMEHPC FX10（東京大学に設置されていた Oakleaf-FX）である．ウィーク・スケーリングでは，並列数 m に対する並列数 n における並列化効率 β_{weak} は次式で定義される．

$$\beta_{\mathrm{weak}} = \frac{T_m}{T_n} \tag{5.4}$$

ここで，T_m は m コアで 10 時間ステップの計算に要した実行時間であり，T_n は n コアで 10 時間ステップの計算に要した実行時間である．ここでのウィーク・スケーリングでは，1 コアによって計算されるセル数を 1024 に固定し，32 コア，128 コア，512 コア，2048 コア，8192 コア，32768 コアにおける実行時間を測定した．図 5.9 に示すように，32 コアを基準とした 32768 コアにおける並列化効率は 93.6％であった．

ストロング・スケーリングでは，並列数 m に対する並列数 n における並列化効率 β_{strong} は次式で定義される．

$$\beta_{\mathrm{strong}} = \frac{mT_m}{nT_n} \tag{5.5}$$

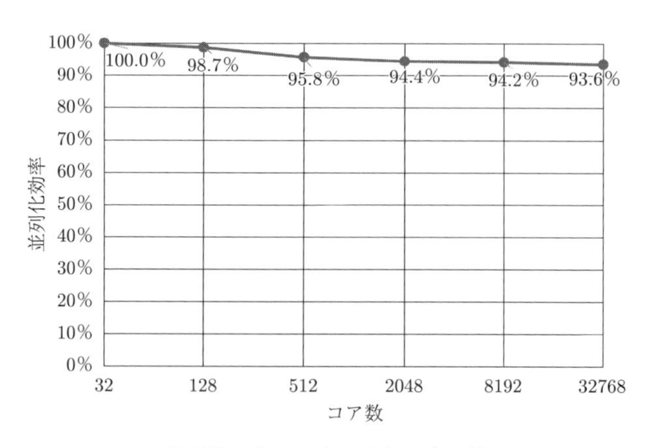

図 5.9　ウィーク・スケーリング

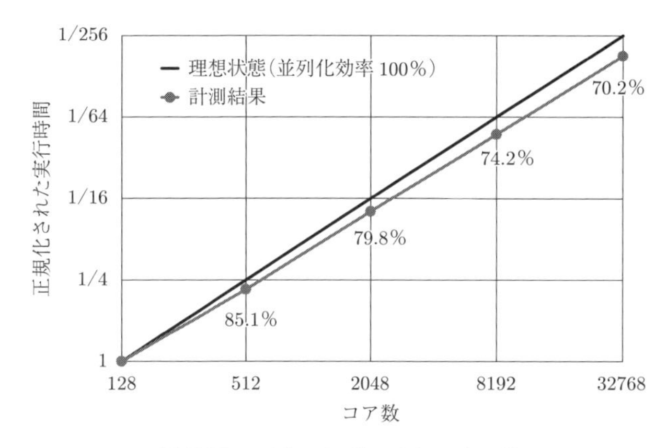

図 5.10 ストロング・スケーリング

ストロング・スケーリングでは，計算メッシュ分割数を $4096 \times 2 \times 4096$ セルに固定し，128 コア，512 コア，2048 コア，8192 コア，32768 コアにおける実行時間を測定した．図 5.10 に示すように，128 コアを基準とした 32768 コアにおける並列化効率は 70.2％であった．LS-DYNA [92] のような一般的な固体/構造解析ソルバーの並列化効率と比較した場合，本手法では極めて高い並列化効率が得られているといえる．近藤ら [92] は，ハイブリッド並列版 LS-DYNA において，京コンピュータの 24000 コアを用いて 1000 万要素モデルを計算が実行可能であることを報告している．ただし，並列化効率は 6144 コア以下で限界に達しており，式 (5.4) と (5.5) とでそれぞれ定義されるウィーク・スケーリングおよびストロング・スケーリングの計測結果は報告されていない [92].

後述する数値解析例において，計算セル分割数が $1024 \times 2 \times 1024$ セルの場合，2048 コアを用いて 10 ステップの実行に必要な計算時間は 19.37 秒であり，MPI 通信時間は 0.72 秒であった．本節における計算コストのプロファイリングには富士通プロファイラ [93] を使用した.

計算時間と MPI 通信間の内訳を，それぞれ図 5.11 と図 5.12 に示す．図 5.11 より，キューブ間のデータ交換に最も長い計算時間が費やされていることが確認できる．なお，ここでのデータ交換は同一の MPI ランクにおけるキューブ間のデータ交換である．本手法では，総実行時間を短縮化するために，計算と MPI 通信が同時に実行される．つまり，`MPI_Irecv` と `MPI_Isend` によりノンブロッキング通

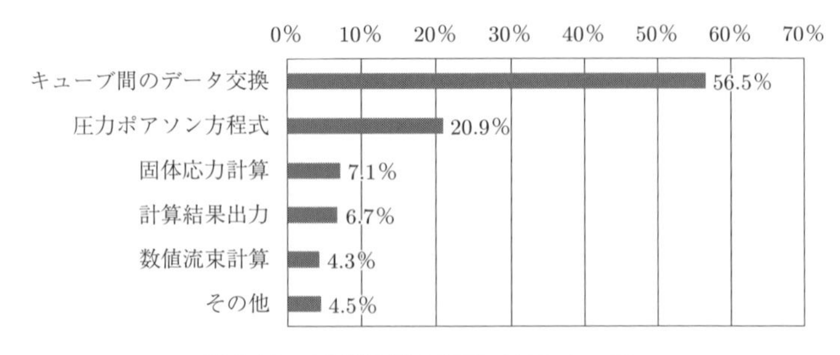

図 **5.11**　計算時間の内訳（128 ノード）

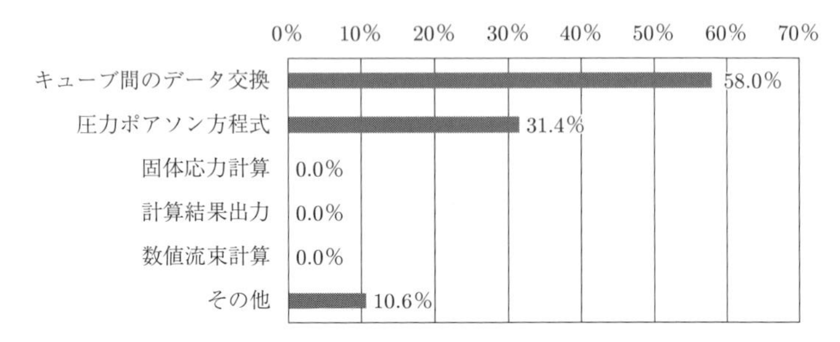

図 **5.12**　MPI 通信時間の内訳（128 ノード）

信を行う．`MPI_Irecv`，`MPI_Isend`，`mpi_waitall` は MPI ライブラリ [94] のサブルーチンである．

5.6　数値解析例

5.6.1　流体中で振動する Stanford Bunny

本節では完全オイラー型構造解析による数値解析例を示す．複雑な 3 次元形状として，本節では Stanford Bunny [95,96] を用いた数値解析例を取り上げる．Stanford Bunny は非圧縮性ネオフック体としてモデル化し，固体以外の領域が非圧縮性ニュートン流体で満たされた系を考える．計算領域サイズは $1 \times 1 \times 1$ であり，すべての壁は滑り境界条件とする．無次元の材料定数を表 5.1 に示す．H. Zhao ら [71] の数値解析例と同様に，初期速度場として $v_x = +0.1\pi\sin(2\pi x)\cos(2\pi z), v_y = -0.1\pi\cos(2\pi x)\sin(2\pi z), v_z = 0$ を与える．

セル分割として，最小セルサイズが 1/64，1/128，1/256，1/512 の 4 ケースを

表 **5.1** 材料物性

固体	
質量密度 ρ_{s}	1.0
せん断弾性係数 G	1.0
粘性係数 μ	0.001
流体	
質量密度 ρ_{f}	1.0
粘性係数 μ	0.001

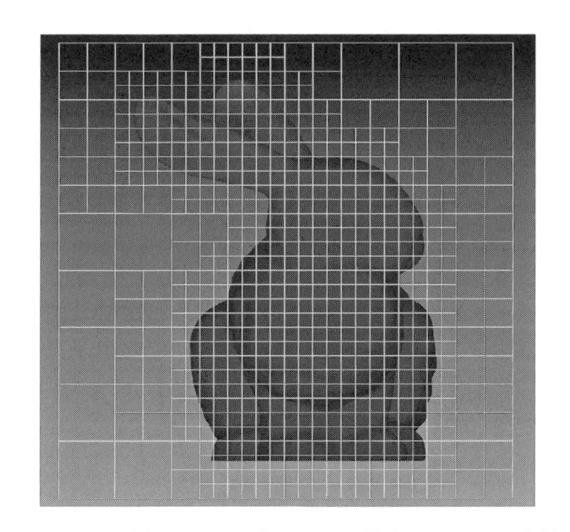

図 **5.13** 最小セルサイズ 1/512 の場合のキューブ分割

検討する．図 5.13 は最小セルサイズ 1/512 の場合のキューブ・メッシュであり，固体領域近傍に細かいキューブが配置されていることがわかる．

図 5.14 は Stanford Bunny の変形と表面のミーゼス応力分布を示しており，Stanford Bunny の耳の部分のような急峻な界面の変形が再現されていることがわかる．不自然な応力分布はなく，変形が大きい領域に高いミーゼス応力が生じており，定性的に確からしい結果が得られているといえる．数値解析結果の妥当性を定量的に検証するため，エネルギー収支の時刻歴を検証した．図 5.15 より，初期速度場による運動エネルギーが流体の粘性散逸エネルギーと固体のひずみエネル

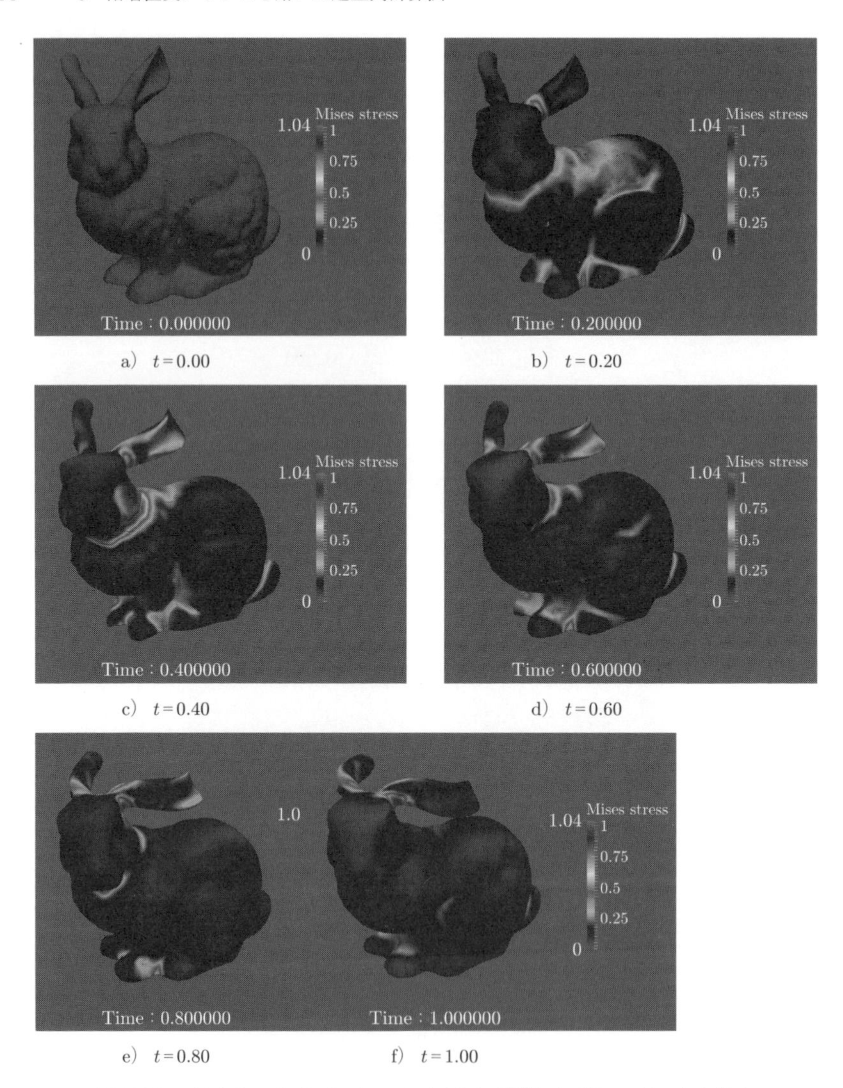

a)　$t=0.00$　　b)　$t=0.20$

c)　$t=0.40$　　d)　$t=0.60$

e)　$t=0.80$　　f)　$t=1.00$

図 5.14　最小セルサイズ 1/512 における変形およびミーゼス応力分布

ギーに変換されていることがわかる．また，計算メッシュの空間解像度を上げるにつれて，エネルギー保存率が 100％に漸近していることが確認できる．

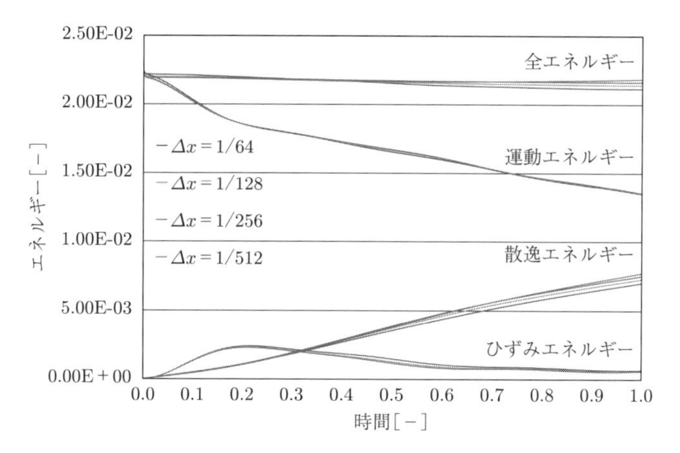

図 5.15　各エネルギーの時刻歴

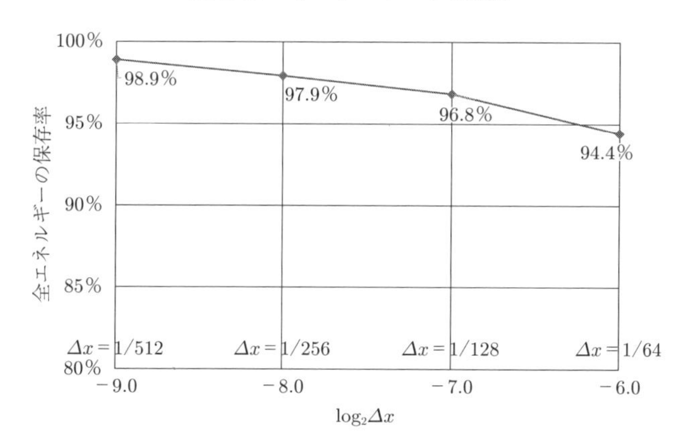

図 5.16　$t = 1.00$ における最小セルサイズ Δx に対する全エネルギー保存率

5.6.2　自動車ボディの剛性解析

マーカー粒子を用いたオイラー型構造解析の有用性を解析ターンアラウンドタイムの観点から検証するため，従来的な有限要素法では多大な労力とメッシュ生成時間が必要となる 3 次元の複雑な鋼構造として，自動車ボディを取り上げ，ねじり剛性解析のターンアラウンドタイムをラグランジュ型有限要素法と比較検証する．

自動車ボディの形状と BCM に基づく階層直交メッシュは図 5.17 の通りであり，

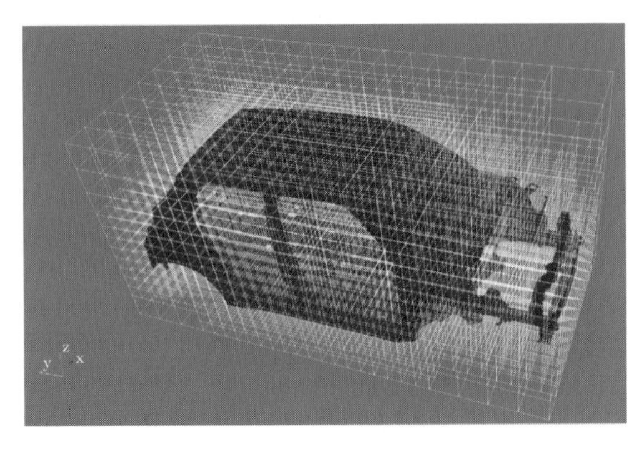

図 5.17　オイラーメッシュ（BCM による階層直交メッシュ）と自動車ボディ形状．総セル数：214,052,864．最小セルサイズ：1.86 mm.

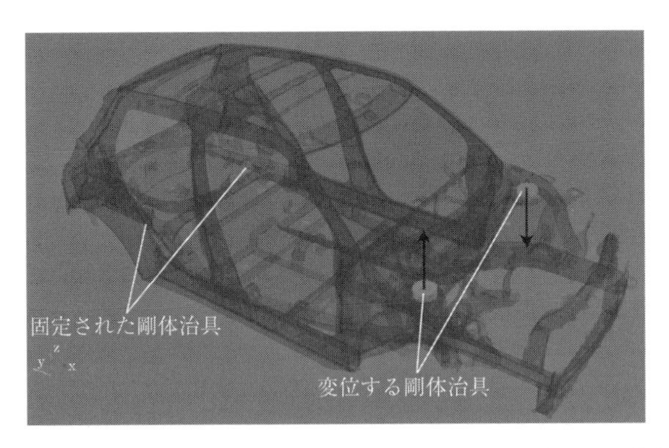

図 5.18　幾何学的境界条件：マーカー粒子により剛体治具を模擬した速度境界条件が付与される．

総セル数は 214,052,864（約 2.1 億）である．1 つのキューブには $32 \times 32 \times 32$ 個のセルが等間隔に配置されている．図 5.18 に示すように，マーカー粒子に速度を設定することで，ねじり剛性試験における境界条件を再現する．車体後方の 2 つのマーカー粒子群は完全固定，車体前方の 2 つのマーカー粒子群は z 軸の正負の方向にそれぞれ，$\hat{v}_z = 2.0 \times \frac{t}{1.0}$ mm/ms なる時間方向に線形に増加する速度を与える．この例題の解析では，時間増分サイズを 6.25×10^{-5} ms に設定し，4800 ステップ ($t = 3.0$ ms) まで計算を行った．この計算には，京コンピュータの 13,065 ノード（104,520 コア）を使用した．数値解を比較検証するため，商用固体解析コード

表 5.2　ターンアラウンドタイムの比較

	LS-DYNA	提案手法
計算メッシュ生成	数週間	10 分
計算実行	0.75 時間	2.4 時間
可視化	1 時間	1 時間
合計時間（ターンアラウンドタイム）	数週間	3.6 時間

LS-DYNA を用いて参照解を計算した．計算スキームとしては動的陰解法を用いた．LS-DYNA における有限要素メッシュの総要素数は 656,859 であり，その内訳はシェル要素数 578,477，ソリッド要素数 10,312，梁要素 14，剛体要素 68,056 である．LS-DYNA による解析においては，Intel Xeon の CPU を搭載したワークステーションを使用した．

提案手法および LS-DYNA により得られた各時刻のミーゼス応力分布を，図 5.19，図 5.20 にそれぞれ示す．ただしミーゼス応力のカラーバーを正規化している．これらの図より，提案手法により得られたミーゼス応力分布は，定性的に概ね妥当であるといえる．ただし，提案手法では最小セルサイズが 1.86 mm と粗く，スポット溶接部などを十分に解像できていないため，定量的には硬い解が得られている．したがって，今後の課題として，さらに空間解像度を上げることで，数値解の定量性がどの程度改善されるかを検討する必要がある．

表 5.2 は，提案手法と LS-DYNA のターンアラウンドタイムを示したものである．超並列計算機の計算資源（この例題の解析では，京コンピュータで 13,065 × 2.4 ノード時間積）を用いることで，ターンアラウンドタイムを大幅に短縮化できることがわかる．なお，京コンピュータの産業利用（個別利用）の金銭的コストは 1 ノード時間積当たり 14.53 円であり，今回用いた計算資源を金銭的コストに換算すると約 45.6 万円であることを付記しておく．

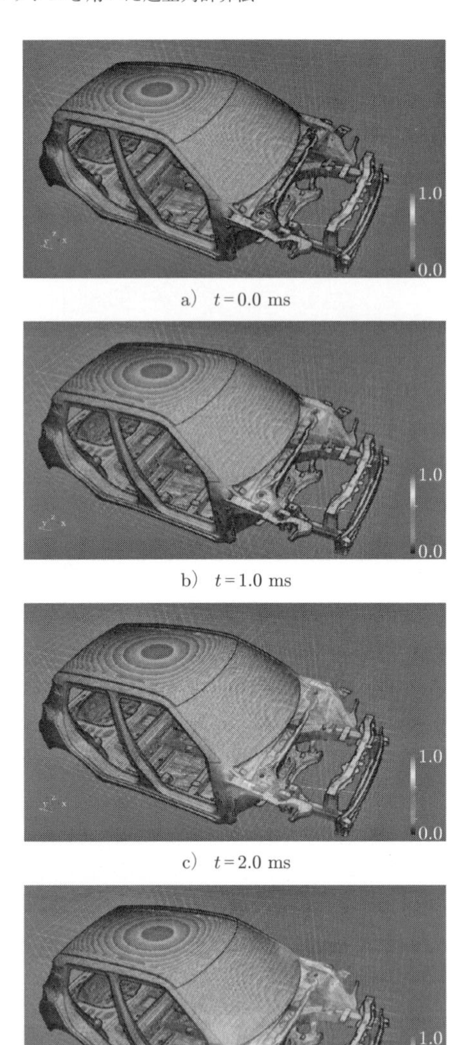

a）$t=0.0$ ms

b）$t=1.0$ ms

c）$t=2.0$ ms

d）$t=3.0$ ms

図 5.19　提案手法による解析結果：ミーゼス応力分布（カラーバーは正規化）．総セル数：214,052,864（約 2.1 億）．

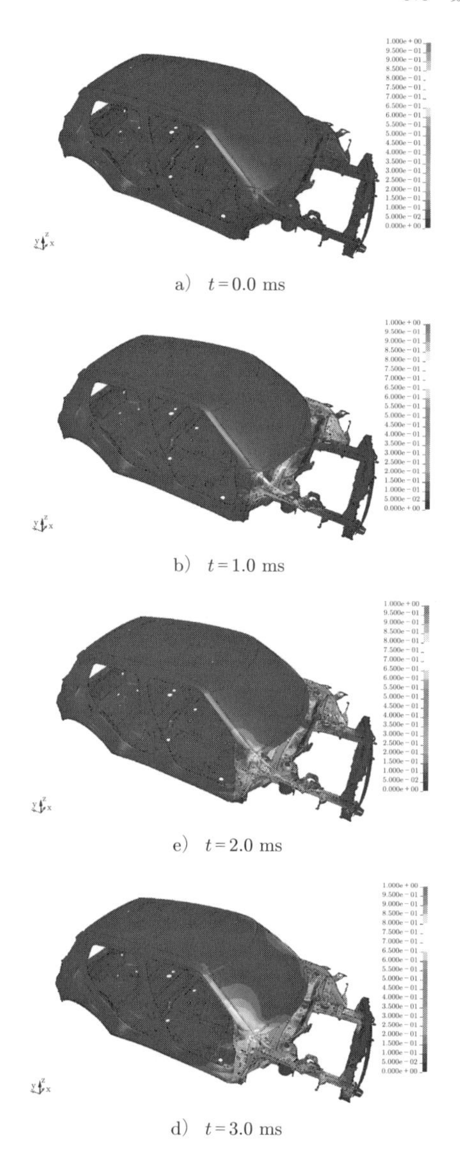

a)　$t = 0.0$ ms

b)　$t = 1.0$ ms

e)　$t = 2.0$ ms

d)　$t = 3.0$ ms

図 5.20　LS-DYNA による解析結果：ミーゼス応力分布（カラーバーは正規化）．総要素数：656,859（内訳：シェル要素数：578,477，ソリッド要素数：10,312，梁要素：14，剛体要素：68,056.）．

5.6.3　薄肉円筒の弾塑性衝撃解析

本書のマーカー粒子を用いたオイラー型構造解析について，薄肉構造の弾塑性解析への適用性を検証するため，図 5.21 に示す薄肉円筒の弾塑性衝撃解析について述べる．

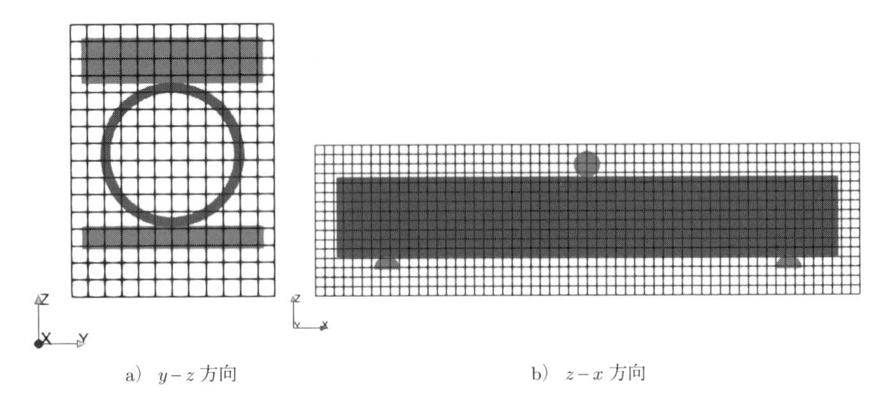

a）$y-z$ 方向　　b）$z-x$ 方向

図 5.21　薄肉円筒の弾塑性衝撃解析

この数値解析例では，図 5.21 に示すように，直径 31.6 mm，内径 27.6 mm，板厚 2 mm の薄肉円筒を考え，薄肉円筒上部に剛体インパクター，下部に剛体治具を配置する．解析領域は 240 mm × 45 mm × 60 mm，キューブ数は 11,136 個，各キューブは $16 \times 16 \times 16$ に分割され，総セル数は $45,613,056$ である．また，セルサイズは 0.234 mm である．板厚 2 mm に対して，セルサイズは 0.234 mm であるため，板厚方向に 8〜9 個の計算セルで分割される．また，1 セル当たり $2 \times 2 \times 2$ 個のマーカー粒子を配置するため，板厚方向に 16〜18 個のマーカー粒子が割り当てられる．

剛体インパクターの速度は，z 方向下向きに 0 m/s から線形加速し，時刻 1.333 ms にて 15 m/s 達したあとは定速となるように設定する．解析時間は 2.8 ms とし，剛体インパクターの最大変位量は 32 mm である．また時間刻み Δt を 2.5×10^{-8} s に設定している．スーパーコンピュータ「富岳」の 696 ノード（11,136 コア）を使用し，MPI ランク数 2784，各 MPI ランクに対して 4 スレッドのハイブリット並列計算を行った．構成方程式として線形等方硬化を伴うミーゼス型の降伏関数

表 5.3 材料物性

固体（鋼）	
質量密度 ρ_s	$7830\,\mathrm{kg/m^3}$
ヤング率 E	$207\,\mathrm{GPa}$
降伏応力 $\bar{\sigma}_y^0$	$210\,\mathrm{MPa}$
硬化係数 H	$300\,\mathrm{MPa}$
流体（空気）	
質量密度 ρ_f	$1.2\,\mathrm{kg/m^3}$
粘性係数 μ_f	$1.8\times10^{-5}\,\mathrm{Pa\cdot s}$

を用いた弾塑性構成則を仮定し，表 5.3 の材料物性値を与える.

本項では，LS-DYNA による数値解と比較することで，本書のマーカー粒子を用いたオイラー型構造解析による数値解の妥当性を検証する．LS-DYNA による参照解の計算では，完全積分シェル要素（Elform=16）を用い，要素サイズは 0.1 mm とする．また，線形等方硬化を伴う弾塑性構成方程式（MAT24：Piecewise linear elasticity）を用い，表 5.3 の材料物性値を与える.

図 5.22 は各時刻における変形挙動を示したものであり，薄肉円筒構造の大変形を伴う弾塑性衝撃問題においても，安定した計算が可能であることが確認できる．また，図 5.23 は，インパクターの荷重–変位曲線である．LS-DYNA による参照解と良く一致しており，本書のマーカー粒子を用いたオイラー型構造解析が薄肉構造にも適用可能であることがわかる.

また，詳しくは著者らの論文 [97] に詳述しているが，本書のマーカー粒子を用いたオイラー型構造解析は，131,072 コアを使用した約 5 億 4 千万セルメッシュの弾塑性解析において，73.5 %の並列化効率（ウィーク・スケーリング）を実現しており，自動車のアルミニウム構造（ギガキャスト構造）や樹脂構造のように，膨大な数のソリッド要素でモデル化する必要のある構造解析に有用である.

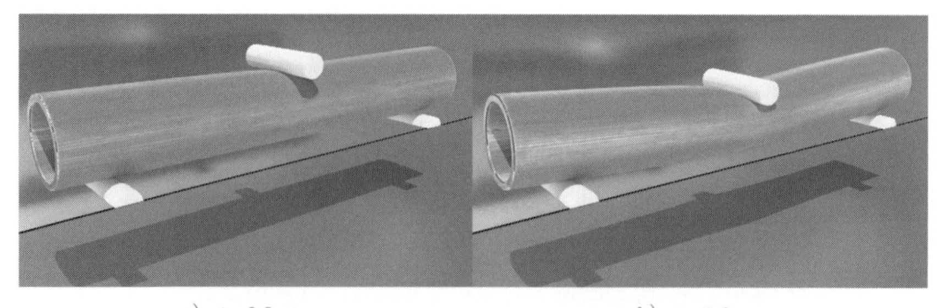

a)　$t = 0.8$ ms　　　b)　$t = 1.6$ ms

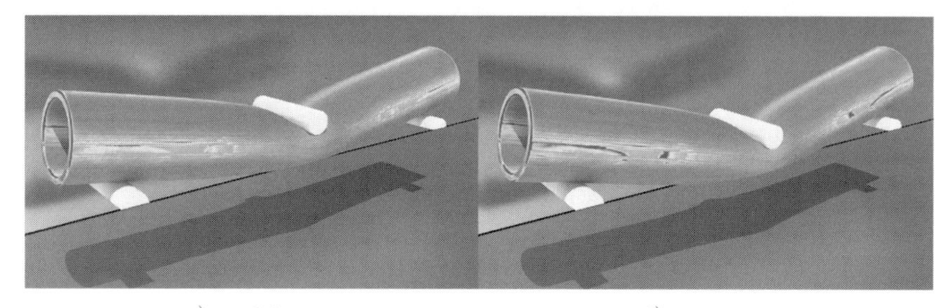

c)　$t = 2.4$ ms　　　d)　$t = 2.8$ ms

図 5.22　薄肉円筒構造の変形挙動

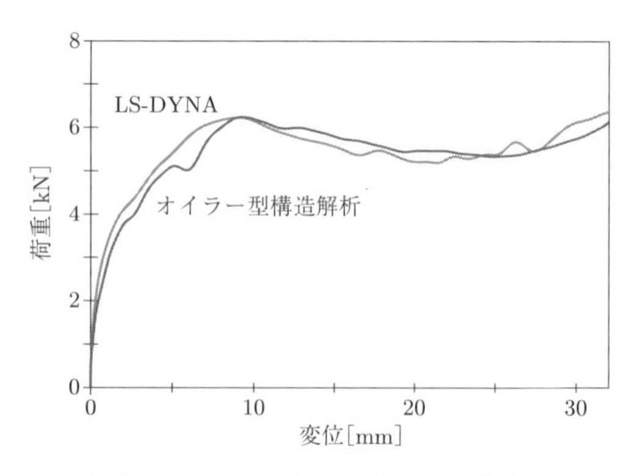

図 5.23　インパクターの荷重–変位曲線

6 3D 生成 AI への展開

本章では，力学的パラメータに基づき 3 次元形状（3D 形状）を自動生成する深層生成モデル [98] について解説する．このモデルは，形状を符号付き距離関数 (SDF：signed distance function) として暗黙的に表現するデコーダ型ニューラルネットワークである DeepSDF を拡張したものである．具体的には，従来の DeepSDF に対してひずみエネルギー，荷重方向，体積，寸法などの力学的パラメータを入力条件（コンディション）として与え，これらに応じた 3D 形状を生成可能な深層生成モデルを構築する．

このモデルの学習（トレーニング）には，力学的パラメータに対応する多数の 3D 形状サンプルが必要となる．これらのサンプルは，数値シミュレーションから得られるが，広範なパラメータ空間をカバーするために大量のシミュレーション結果が求められる．その際，第 4 章で述べたマーカー粒子を用いたオイラー型構造解析手法が有用である．この手法を用いることで，メッシュ生成を自動かつ高速に行い，効率的なデータセット構築が可能となる．

本章で解説する力学的パラメータベースの 3D 形状生成モデルは，設計者が与えた力学的条件に応じて自動的に 3 次元形状を提案できるため，従来の手作業による試行錯誤が不可欠だった構造設計プロセスを大幅に効率化し，革新する新たな設計パラダイムを示すものである．

6.1 3D 生成 AI の進展と課題

近年，画像生成 AI（例えば Stable Diffusion [99]）に加え，Transformer [100] ベースの拡散モデルを用いた **3 次元形状生成モデル**（いわゆる text-to-3D モデル）の研究が顕著に進展している．代表的な text-to-3D モデルとして，Point-E [101],

Shape-E [102]，Magic3D [103]，DreamFusion [104] が挙げられ，これらはテキスト入力から 3D 形状を直接生成することを主眼としている．これらのモデルは主に 2 次元画像データセット（例：WebImageText，ImageNet）を用いて学習されており，画像とテキストとの対応関係を学習する過程で CLIP (contrastive language-image pre-training) 特徴量 [105] が活用されている．

CLIP 特徴量は，大規模な画像・テキスト対の事前学習を経て，テキストと画像間の関連性を高精度で獲得するための表現である．この特徴量は**対照学習** (contrastive learning) によって得られ，多様なテキストと画像の対応を抽出・整理する能力に優れている．結果として，CLIP を用いることで，与えられたテキストに基づき，これまで 3D データが不足していた領域でも画像や 3D 形状の生成が可能となる．

しかし，構造設計領域においては，従来の画像データセットでは力学的情報（例えば荷重条件やひずみエネルギー）を十分にカバーできないため，CLIP のような画像・テキスト対応表現に基づくアプローチを直接適用することは難しい．言い換えると，一般的な画像・テキストデータセットからは，力学的パラメータを推定し，それに即した 3D 形状を生成することは困難である．この課題を解決するには，力学的パラメータを含む専門的なデータセットの整備や，新たな 3D 生成モデルの開発が必要である．

本書では，力学的情報を入力とし，その条件に合致する 3D 形状を自動生成する手法の初期段階の研究成果 [98] を解説する．具体的には，荷重方向，ひずみエネルギー，寸法などの力学的パラメータを条件として与え，これに合致する 3D 形状を生成可能なモデルである．このような手法が確立すれば，従来の手動による形状設計や最適化プロセスを大幅に簡略化でき，構造設計においてより柔軟で効率的なワークフローが実現することが期待される．また，将来的には，設計者が力学的パラメータを指定することで，自動的に最適化された 3D 形状を獲得できるようになり，複雑な制約条件の考慮や反復的な試行錯誤を大幅に低減できると考えられる．

6.2 DeepSDF による 3D 生成モデル

6.2.1 DeepSDF の概要

本節では，Jeong ら [106] が提案したデコーダ型ニューラルネットワークである **DeepSDF** を紹介する．DeepSDF は符号付き距離関数 (SDF：signed distance function) を用いて 3 次元形状を表現し，その関数関係をニューラルネットワークによって学習する手法である．SDF は空間内の各点について，その点から物体表面までの距離を符号付きで示す関数であり，符号によって物体内部（負値）と外部（正値）を判別することができる．この SDF を直接学習することで，メッシュやボクセルなどの離散的表現を用いずに，形状を連続的かつコンパクトに表現可能となる．

従来はメッシュ，ボクセル，点群などの離散的な手法で 3D 形状が扱われてきた．しかし，メッシュでは複雑形状に対応するためポリゴン数が増大し，データ量や処理コストが膨らむ．ボクセル表現は扱いやすいが，高解像度化によりメモリや計算資源が急増する．点群は形状表面を点の集合として簡便に扱えるものの，連続性が損なわれやすく，滑らかな表面再構築が難しい．

これに対し，DeepSDF は空間を連続関数として取り扱うことで，任意の座標点に対して物体内外を即座に判定できる．さらに，このような連続的表現手法は，**ニューラル・フィールド** (neural field) と呼ばれる枠組みに属し，3D 形状のみならず，音声や光場など多様な連続データにも適用可能である [110, 111]．DeepSDF はこの分野の代表例であり，離散化に伴う解像度制約を受けずに任意精度で形状を再現できる潜在的可能性を持つ．

また，DeepSDF は**潜在ベクトル** (latent vector) と呼ばれる低次元特徴表現を用いることで，1 つのネットワーク内で複数の形状を統合的に表現する．潜在ベクトルは各形状の特徴を圧縮したパラメータであり，これを変化させることで多彩な形状を生成できる．こうした特性により，DeepSDF は従来手法に比べて高い柔軟性と表現力を備えている．

図 6.1 に示すように，SDF を用いると物体表面は $\mathrm{SDF}(\cdot) = 0$ の等値面として

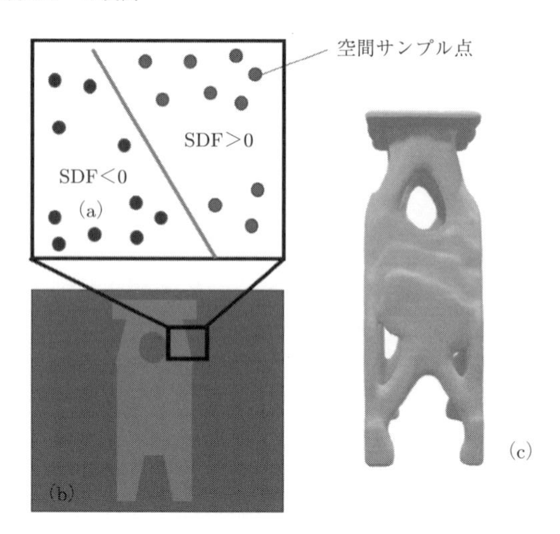

図 **6.1**　DeepSDF による 3D 形状表現：(a) SDF=0 で定義される物体界面，(b) 2 次元断面の SDF 値，(c) 3D 形状の例．

定義できる．さらに，マーチングキューブ法 [109] などのポリゴン化手法を適用すれば，学習済みの SDF から任意の解像度でメッシュデータを生成することも可能である．

DeepSDF の学習は，対象形状に対し空間中の多数の点 $\boldsymbol{x}$ をサンプルし，それらに対応する SDF 値 s を取得するところから始まる．これらのサンプル対 $(\boldsymbol{x}, s)$ の集合を

$$X := \{(\boldsymbol{x}, s) \mid \mathrm{SDF}(\boldsymbol{x}) = s\} \tag{6.1}$$

と定義する．全結合ニューラルネットワーク (FCNN) を用いてパラメータ θ を学習し，任意の点 $\boldsymbol{x} \in \Omega$ について $f_\theta(\boldsymbol{x}) \approx \mathrm{SDF}(\boldsymbol{x})$ となるように訓練する．学習過程では，予測された SDF 値と真値との誤差を損失関数で評価する．例えば，以下の ℓ_1 損失関数を用いる例がある．

$$\mathcal{L}\left(f_\theta(\boldsymbol{x}), s\right) = \left|\mathrm{clamp}\left(f_\theta(\boldsymbol{x}), \delta\right) - \mathrm{clamp}(s, \delta)\right| \tag{6.2}$$

ここで，$\mathrm{clamp}(x, \delta) := \min(\delta, \max(-\delta, x))$ は SDF 値の過剰な逸脱を防ぐための制約関数である．このような制約により学習過程が安定し，$\delta = 0.1$ 程度の値は先行研究 [106] を参考に設定される．これらの工夫によって安定した学習が可能となり，結果的に高精度な 3D 形状再現が期待できる．

6.2.2 潜在ベクトル空間を用いた DeepSDF の定式化

DeepSDF の特徴は，形状の表現を潜在ベクトルという低次元空間に集約し，多様な形状を単一のニューラルネットワークで統一的に扱える点である．従来の手法では，個々の形状ごとに異なるモデルを学習させる必要があったが，DeepSDF では潜在ベクトルを導入することで効率的かつ柔軟な形状生成が可能となる．また，この枠組みは，既存の形状データだけでなく，不完全なデータからも形状を推定できるため，現実の設計やシミュレーションへの応用が期待される．

これを踏まえ，まず潜在ベクトルを活用した形状表現の基礎概念を紹介し，次にオートデコーダ型 DeepSDF の定式化とその理論的背景について掘り下げて解説する．

6.2.3 多様な形状表現のための潜在ベクトル

本項では，DeepSDF における潜在ベクトルの概念と，これを用いた多様な 3D 形状の統一的表現手法について解説する．従来は，特定の 3D 形状ごとに個別のニューラルネットワークを学習しなければならず，複数形状を扱う場合は非効率的であった．しかし，潜在ベクトルを導入することで，1 つのデコーダ型ニューラルネットワークを用いて多様な形状を包括的に表現できるようになる [106].

潜在ベクトルは，各形状の特徴を圧縮し，低次元空間上で表すパラメータである．図 6.2 (a) は単一形状に対する学習構成を示し，(b) は潜在ベクトルを追加した構成例を示している．(b) では，潜在ベクトルがネットワークへの「第二の入力」となり，形状固有の情報を提供する．これにより，同一ネットワークが，潜在ベクトルの違いによって異なる形状を再現できる．

ここで，ネットワークへの入力は「潜在ベクトル $\boldsymbol{L}_i$」と「クエリ位置 $\boldsymbol{x}$」である．クエリ位置は 3D 空間上の任意の点であり，その点における SDF 値（形状表面からの符号付き距離）を予測するための基準となる．例えば，クエリ位置が物体表面上であれば，SDF 値は 0 に近く，内部なら負，外部なら正の値をとる．形式的には，形状 i に対して

$$f_\theta\left(\boldsymbol{L}_i, \boldsymbol{x}\right) \approx \mathrm{SDF}^i(\boldsymbol{x}) \tag{6.3}$$

が成立するようにネットワーク f_θ を学習する．すなわち，潜在ベクトルを介して

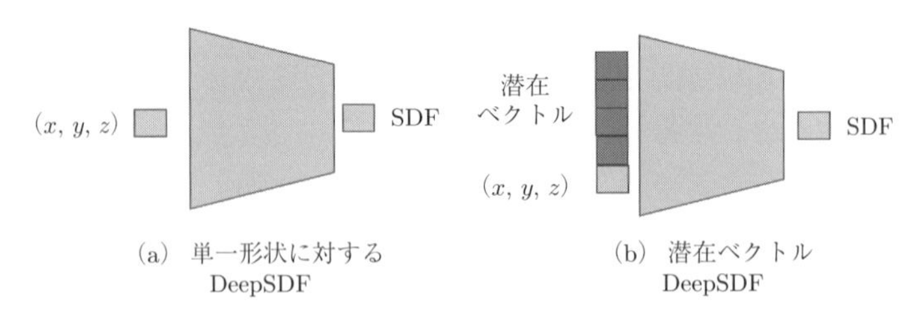

図 6.2　DeepSDF における学習構成の比較. (a) 単一形状を記憶するニューラルネットワーク, (b) 潜在ベクトルを用いて多様な 3D 形状群を統一的に扱う拡張構成.

形状を条件付けし，単一のネットワークで多様な 3D 形状を再現することが可能となる.

6.2.4　オートデコーダ型 DeepSDF の定式化

オートデコーダ型 DeepSDF の定式化は，潜在ベクトルを確率モデルとして扱う考え方に基づいている．この手法では，各形状に対応する潜在ベクトルを，事前分布として仮定される多変量正規分布（平均 0，分散 σ^2）に従うパラメータとして解釈する．さらに，この仮定に基づいて，潜在ベクトルが正規分布に従うように誘導する正則化項が損失関数に追加される．この確率的な枠組みによって，学習の安定性や形状表現性能が向上する．潜在ベクトルを確率モデルとして取り扱うことで，形状データ間の連続的な変化や未知の形状の推定が柔軟に行えるようになり，DeepSDF の形状生成能力を支える重要な要素となっている.

N 個の形状を含むデータセットを考え，各形状 i は符号付き距離関数 SDF^i で表される．各形状について，K 個のサンプル点 $\boldsymbol{x}_j$ と対応する SDF 値 $s_j = \mathrm{SDF}^i(\boldsymbol{x}_j)$ を収集し，これらを集合

$$X_i = \{(\boldsymbol{x}_j, s_j) \mid s_j = \mathrm{SDF}^i(\boldsymbol{x}_j)\} \tag{6.4}$$

として定義する.

オートデコーダでは，明示的なエンコーダを用いない代わりに，各形状 i に対応する潜在ベクトル $\boldsymbol{z}_i$ を直接学習する．潜在ベクトルの事前分布 $p(\boldsymbol{z}_i)$ を平均 0，分散 σ^2 の多変量正規分布と仮定することで，潜在空間が正規分布に近づくような正則化が行われる．この正則化は，経験的に学習の安定化や汎化性能の向上に寄与すると報告されている [106].

SDF 値 s_j の生成確率を考えると，DeepSDF のデコーダ $f_\theta(\boldsymbol{z}_i, \boldsymbol{x}_j)$ が SDF を近似することから，SDF 値に関する尤度*1は以下のようにモデル化できる．

$$p_\theta(\boldsymbol{s}_j \mid \boldsymbol{z}_i; \boldsymbol{x}_j) = \exp\left(-\mathcal{L}\left(f_\theta(\boldsymbol{z}_i, \boldsymbol{x}_j), s_j\right)\right) \tag{6.5}$$

ここで，$\mathcal{L}$ は予測値と真値の SDF 値を近づけるための損失関数であり，多くの場合正規分布を仮定した ℓ_2 型や ℓ_1 型の損失が用いられる．これにより，潜在ベクトル $\boldsymbol{z}_i$ とネットワークパラメータ θ に関する事後確率最大化問題*2は，以下の損失関数最小化問題に帰着する．

$$\underset{\theta, \{\boldsymbol{z}_i\}}{\arg\min} \sum_{i=1}^{N} \left(\sum_{j=1}^{K} \mathcal{L}(f_\theta(\boldsymbol{z}_i, \boldsymbol{x}_j), s_j) + \frac{1}{\sigma^2} \|\boldsymbol{z}_i\|_2^2 \right) \tag{6.6}$$

ここで，$\|\boldsymbol{z}_i\|_2^2$ は潜在ベクトルの L2 ノルムであり，これを正則化項として導入することで，$\boldsymbol{z}_i$ が正規分布に従うように誘導する．

推論（テスト）段階では，学習済みのパラメータ θ を用いて，未知の形状 X に対する潜在ベクトル $\hat{\boldsymbol{z}}$ を最大事後確率 (MAP：maximum a posteriori) 推定によって求める．このとき

$$\hat{\boldsymbol{z}} = \underset{\boldsymbol{z}}{\arg\min} \sum_{(\boldsymbol{x}_j, s_j) \in X} \mathcal{L}(f_\theta(\boldsymbol{z}, \boldsymbol{x}_j), s_j) + \frac{1}{\sigma^2} \|\boldsymbol{z}\|_2^2 \tag{6.7}$$

となり，この最適化により未知形状に対応する潜在ベクトルを得ることができる．この枠組みでは，訓練データが部分的にしか得られていない場合（例：形状の一部しか計測されていない場合）でも，形状全体を推定できる柔軟性を持つ．

---

*1 尤度とは，観測されたデータが，特定のモデルおよびそのモデルに付随するパラメータ設定の下でどれほど整合的であるかを定量的に示す指標である．確率は，特定のパラメータの下でデータが観測される可能性を示すが，尤度は観測済みのデータを固定し，そのデータを最も整合的に説明するパラメータを探ることを目的とする．
例えば，ある材料の荷重下での変形を解析するモデルがあるとする．観測されたデータ（実験値）に基づき，モデルがもつパラメータ（弾性係数や塑性パラメータ）がどれほどそのデータを再現できるかを評価する際に，尤度が用いられる．尤度が高いほど，そのパラメータが観測データと整合的であることを意味する．このように，尤度はモデルの妥当性やパラメータ推定の基盤となる重要な概念である．

*2 事後確率最大化問題とは，観測されたデータを基に，モデルのパラメータがどの値であればそのデータを最も良く説明できるかを推定する手法である．この手法はベイズ推論に基づき，観測データが与えられたとき，特定のパラメータの下でそのデータがどれだけ整合的かを評価する．

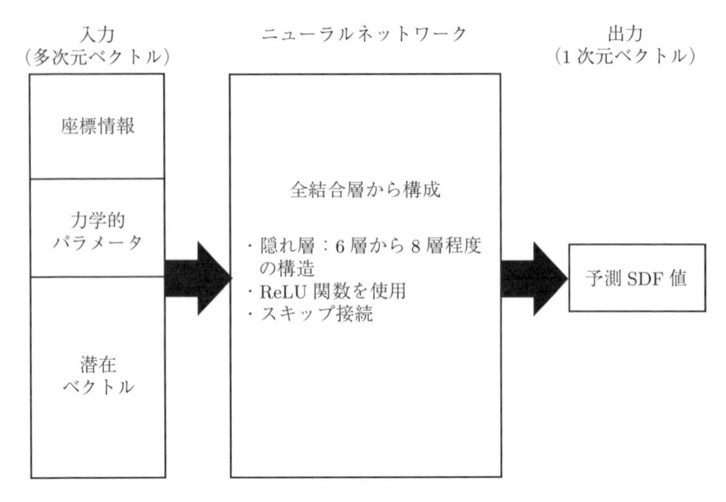

図 6.3　提案モデルの構成．潜在ベクトル，正規化した力学的パラメータ，そして positional encoding によって拡張された座標情報をデコーダへ入力する．隠れ層（全結合層，ReLU 関数，スキップ接続）を通じて SDF 値が予測され，SDF=0 の等値面がポリゴン化（マーチングキューブ法）されることで力学要求を満たした 3D 形状が再構築される．

6.3　力学的パラメータを条件とした DeepSDF モデルの概要

本節では，DeepSDF [106] を拡張して力学的パラメータ（例：衝突吸収エネルギーや寸法など）に基づく 3D 形状の生成を行うモデル構成を示す．図 6.3 は，本書で述べるニューラルネットワークの概略図であり，潜在ベクトル，力学的パラメータ，および positional encoding（位置符号化）によって拡張された座標情報を入力とするデコーダ型ニューラルネットワークを示している．このモデルにより，特定の力学的要求を満たす 3D 形状の自動生成が可能となる．

6.3.1　入力データと潜在ベクトル空間

本モデルでは，多様な 3D 形状を 1 元的に扱うため，潜在ベクトルと呼ばれる低次元（本書の例では 40 次元）のパラメータを用いる．潜在ベクトルは正規分布から初期化され，各形状ごとの特徴を学習することで，多数の異なる形状を 1 つのネットワークで表現できる [106]．なお，40 次元という次元数は著者の西口らの研究グループの数値実験の結果に基づいており，必ずしも 40 次元である必要はなく，学習させる 3D 形状のデータセットに応じて調整する．

6.3.2　座標情報への positional encoding

形状表面を高精度に再構築するには，単純な x, y, z 座標のみでは不十分な場合がある．そこで positional encoding [107, 108] を用いることで，3 次元座標 $\boldsymbol{x} = (x, y, z)^T$ をフーリエ特徴量（sin, cos 関数）へとマッピングし，60 次元の拡張表現を得る．この処理によって座標情報が多様な周波数成分に分解され，幾何的に複雑な形状表面（SDF 値=0 の等値面）の精密な表現が可能となる．positional encoding は関数 $\phi : \mathbb{R}^3 \to \mathbb{R}^{60}$ で表され，以下のような式 (6.8) に従う．

$$\phi(\boldsymbol{x}) = \begin{pmatrix} \sin(2^0 x) \\ \cos(2^0 x) \\ \vdots \\ \sin(2^9 x) \\ \cos(2^9 x) \\ \sin(2^0 y) \\ \cos(2^0 y) \\ \vdots \\ \sin(2^9 y) \\ \cos(2^9 y) \\ \sin(2^0 z) \\ \cos(2^0 z) \\ \vdots \\ \sin(2^9 z) \\ \cos(2^9 z) \end{pmatrix} \tag{6.8}$$

6.3.3　力学的パラメータと正規化

モデルが出力する形状が所望の力学的要求を満たすように，力学的パラメータを多次元ベクトルとして入力する．これらパラメータは 0〜1 に正規化され，潜在ベクトルや positional encoding 処理後の座標情報とともにデコーダへ与えられる．これにより，同一潜在空間上でも力学的条件を変えることで異なる構造特性を持つ形状を生成できる．

6.3.4　デコーダネットワークと隠れ層の構造

本モデルで用いるデコーダは，潜在ベクトル，positional encoding 後の座標，および力学的パラメータを入力とし，SDF 値を予測するための**全結合型ニューラルネットワーク** (FCNN: fully connected network) である．

隠れ層の役割

デコーダ内部の隠れ層は，入力データ（潜在ベクトル，positional encoding 後の座標，および力学的パラメータ）を段階的に抽象化し，最終的な SDF 値予測精度を高める重要な役割を担う．以下に主なポイントを示す．

- 情報の抽象化：隠れ層は，潜在ベクトルとクエリ位置（座標情報）の複雑な関係を学習し，空間中の形状特性や距離関係を抽出する．
- 非線形変換：全結合層 (fully connected layer) と非線形活性化関数（ReLU など）を組み合わせ，線形変換だけでは捉えきれない複雑な形状パターンを表現可能にする．

隠れ層の構造

典型的な DeepSDF デコーダの隠れ層構成は以下のような特徴を持つ [106].

- 入力サイズ：潜在ベクトル（例えば 128 次元）とクエリ位置（3 次元）を結合し，初期層で約 131 次元程度の入力ベクトルを形成する．
- 層の深さとユニット数：隠れ層は 6〜8 層ほどで構成され，各層には 256〜512 程度のノードを配置することが多い．これにより，計算コストと表現力のバランスを確保する.

・スキップ接続：入力ベクトルを中間層に直接伝えるスキップ接続を導入し，学習を安定化し深い層でも劣化を防ぐ．これにより，初期入力情報が後段の層で再利用され，高精度な SDF 予測が可能となる.

活性化関数と正則化

・活性化関数 (ReLU)：ReLU を用いることで，勾配消失問題を軽減し，高速な学習を実現する.

・正則化 (regularization)：過学習を防ぐために，潜在ベクトルに対して L2 ノルム正則化を導入し，層数・ユニット数などのモデル容量を適度に制御する.

6.3.5　ネットワーク全体の流れ

図 6.3 に示すように，本モデルの流れは次のとおりである.

1. データ準備：データセットから形状と対応する力学的パラメータを取得し，各形状に対応する潜在ベクトルを用意する．サンプル点における SDF 値を計算する.

2. 座標拡張と結合：サンプル点の座標値に positional encoding を適用して 60 次元化し，これに潜在ベクトル（40 次元）と力学的パラメータ（多次元ベクトル）を結合してデコーダへ入力する.

3. 隠れ層での抽象化処理：隠れ層を通して入力データを非線形変換し，スキップ接続によって初期情報を再利用する．これにより，複雑な形状の特性が階層的に抽出される.

4. SDF 値の出力：出力層で 1 次元の SDF 値を推定し，SDF=0 の等値面からマーチングキューブ法などでメッシュ化して形状を再構築する.

6.4　超多ケース計算による 3D データセット構築

本節では，DeepSDF ベースのモデルが多様な力学条件下での 3D 形状生成を学習できるようにするための大規模データセット構築手法を紹介する．特に，線形トポロジー最適化と，マーカー粒子を用いたオイラー型構造解析を組み合わせる

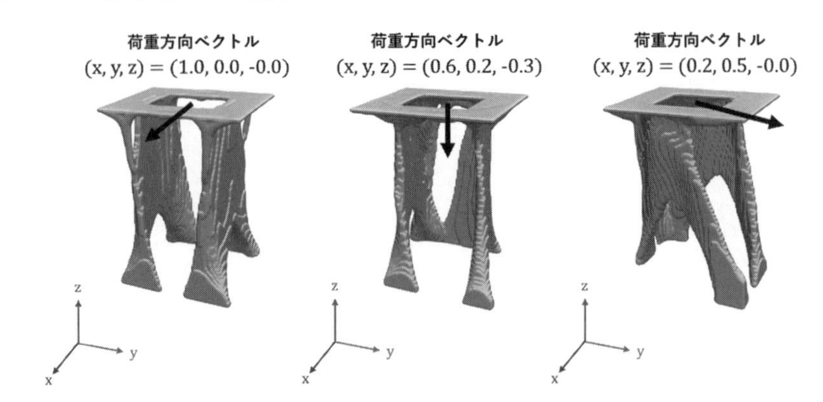

図 6.4　線形トポロジー最適化によって荷重方向を変化させることで得られた多様な 3D 形状の例

ことで，荷重方向や構造特性が異なる多数の 3D 形状と対応する力学的パラメータを一度に取得可能な超多ケース計算例を説明する．

なお，本書で紹介する例は超多ケース計算によるものであるが，必ずしも本手法に限らない．例えば，汎用商用ソフトウェアでの数値シミュレーション結果や 3 次元計測データなど，3D 形状と力学パラメータ（剛性，エネルギー吸収特性など）の組が得られるデータであれば，同様に DeepSDF モデルの学習に用いることができる．

6.4.1　線形トポロジー最適化による多様な 3D 形状の生成

まず，多数の 3D 形状を効率的に生成するために，線形トポロジー最適化 [112] を用いる．本項における線形トポロジー最適化は，指定した設計領域内で材料分布を最適化し，所定の荷重・境界条件下で剛性を最大化する問題である．本書では，荷重方向を変化させることで，異なる特性を持つ多様な 3D 形状を取得した例を述べる（図 6.4）．この手法により，各荷重方向に対応した最適化形状が得られ，最終的には 1 万件超の 3D 形状（本例では 10,114 ケース）を取得した．

6.4.2　オイラー型構造解析による衝撃吸収エネルギー評価

続いて，得られた 3D 形状に対する非線形な力学特性（例：衝撃吸収エネルギー）を評価するために，大量のケースに対する計算メッシュ生成を自動的かつ高速に

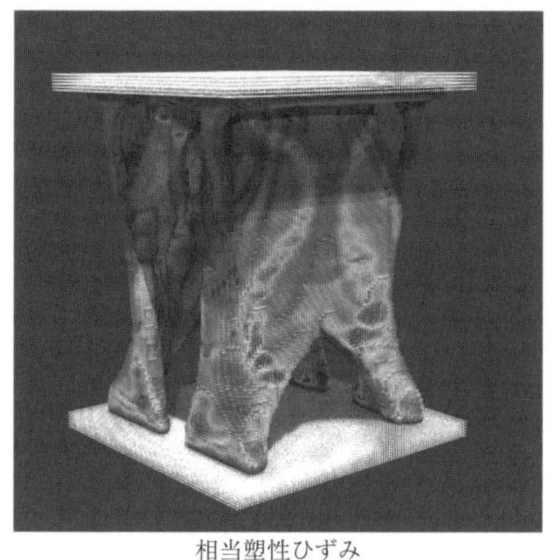

図 6.5　オイラー型構造解析（弾塑性解析）による衝撃吸収エネルギー評価の一例．剛体治具による高速圧縮条件下で，形状の塑性変形に伴うエネルギー吸収特性を算出する．

実行できるオイラー型構造解析を用いる．

図 6.5 は，得られた 3D 形状を剛体治具により 15 m/s の速度で圧縮する様子を示した例である．この弾塑性解析から，形状が外力を受けて塑性変形する際に吸収するエネルギー（衝撃吸収エネルギー）を算出できる．こうした計算を 1 万件を超える膨大なケースで実施することにより，各形状が有する多様な力学応答がデータセットとして蓄積される．

本例では，4,194,304 セルの弾塑性解析をスーパーコンピュータ「富岳」で 1 ケース当たり約 2.5 時間（32 ノード，128 ランク × 8 スレッド）要し，トポロジー最適化も考慮すると，合計で約 100 万ノード時間積の計算資源を投入した．このような大規模計算を通じて，高精度かつ多様な力学パラメータ付き 3D 形状データセットを整備することが可能である．

なお，本書で示した超多ケース計算はあくまで一例であり，他の力学パラメータや数値解析手法や実験結果とも組み合わせることも可能である．より幅広い設計空間を網羅したデータセットを構築することは，今後の構造設計の自動化の研究に向けた重要な課題である．

6.5　parameter-to-3D タスクによるモデル汎化性能の検証

本節では，学習済みモデルが「未学習条件下の力学的パラメータ」(以下「テストパラメータ」) から新たな 3D 形状を生成する能力を検証する．この **parameter-to-3D タスク**は，モデルが訓練データに含まれない要求条件下でも，所望の力学特性を反映した形状を合成できるかを評価する試験であり，モデルの汎化性能を測る上で重要である．

6.5.1　検証手順と目的

parameter-to-3D タスクでは，以下の手順でモデルの汎化性能を評価する．

1. テストパラメータの設定：訓練データに含まれない衝撃吸収エネルギー値などをテストパラメータとして指定する．これによって，モデルが新規条件にどの程度対応可能かを確認する．

2. 潜在ベクトルのランダムサンプリング：潜在空間から正規分布に基づいて潜在ベクトルをランダムに取得し，多様な形状バリエーションを生成する．

3. 3D 形状の生成と評価：テストパラメータと潜在ベクトルをモデルに入力し，生成された 3D 形状が目標力学特性（例：目標衝撃吸収エネルギー）を満たすかを評価する．

6.5.2　精度検証の結果

図 6.6 は，parameter-to-3D タスクの概念図である．この図は，訓練時に存在しない力学的パラメータを与えた場合でも，モデルが新たな 3D 形状を生成できることを示している．

さらに，図 6.7 では，テストパラメータとして衝撃吸収エネルギーを 12.6 J から 33.7 J まで 17 段階に設定し，各段階で 20 個の潜在ベクトルを用いて計 340 個の 3D 形状を生成した結果を示す．縦軸に生成形状の実際の衝撃吸収エネルギー，横軸に指定した目標エネルギー値をとることで，モデル出力が目標値にどの程度近いかを可視化できる．散布パターンから，モデルが未知条件下でも目標に近い力学特性を持つ形状を生成できることが確認できる．図 6.7 より，平均 95.7％の

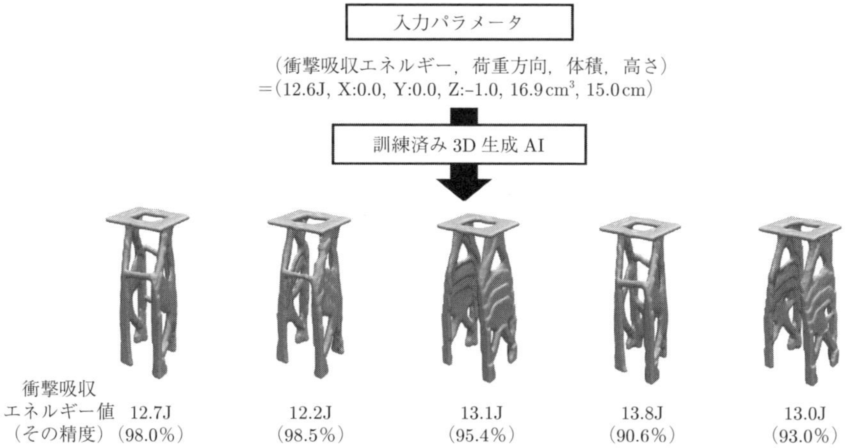

入力パラメータ

（衝撃吸収エネルギー，荷重方向，体積，高さ）
=（12.6J, X:0.0, Y:0.0, Z:-1.0, 16.9 cm^3, 15.0 cm）

訓練済み 3D 生成 AI

衝撃吸収エネルギー値（その精度）	12.7J (98.0%)	12.2J (98.5%)	13.1J (95.4%)	13.8J (90.6%)	13.0J (93.0%)

図 6.6 parameter-to-3D タスクの概念図．未知の力学的パラメータ（テストパラメータ）を指定した場合に生成される 3D 形状例．未学習条件下でもモデルが形状生成能力を保持していることを示唆する．

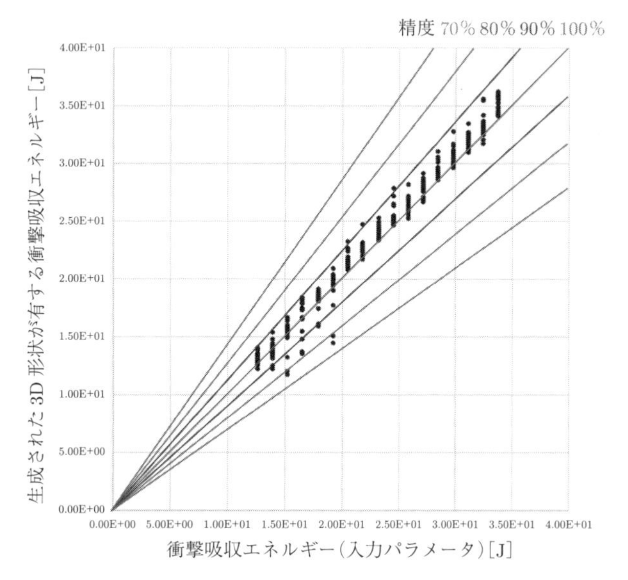

図 6.7 parameter-to-3D タスクでの精度検証例．衝撃吸収エネルギーを 17 段階（12.6 J～33.7 J）に設定し，各段階で 20 個の潜在ベクトルを用いて合計 340 個の 3D 形状を生成・評価した．横軸に目標エネルギー値，縦軸に生成形状の実測エネルギー値をとることで，モデルが未学習条件下でも目標値に近い形状を生成できるかを判断できる．

精度で parameter-to-3D タスクが実現できていることがわかった．

6.5.3 考察と展望

以上の結果から，学習済みモデルは訓練時に存在しない力学的パラメータ下でも，ある程度近似的に目標値に近い 3D 形状を生成できることがわかる．

今後は，parameter-to-3D タスクの予測精度をさらに高めるとともに，潜在空間の構造的改善を進めることで，一層複雑な要求条件に対応可能な自動設計支援ツールへと発展させることが可能となると考えられる．具体的には，設計者が従来以上に多様な力学的パラメータ（剛性や異方性材料特性，複合的な負荷条件，耐久性や疲労寿命，製造制約など）を指定できるようになり，モデルはこれらを統合的に考慮した 3D 形状を自動提案できるようになる．

さらに，潜在空間に階層構造や条件依存の区分けを導入することで，モデルはより複雑なパラメトリック設計空間を扱えるようになる．たとえば，特定の形状特徴に対応する下位領域を明確に定義したり，特定の力学要求に応じて潜在ベクトルを分類・選択できるようにすることで，モデルは多様な性能指標（衝撃吸収，熱応答，振動特性など）に合わせて柔軟かつ的確に 3D 形状を生成できる．このような高度化により，エンジニアや研究者は，従来は試行錯誤による反復が必須だった複雑な構造設計条件を，モデルに直接入力するだけで効率的かつ迅速に探索可能になる．

最終的には，本書で述べた 3D 生成 AI が進化することで，多目的最適化やリアルタイムの設計インタラクションなど，より高度な応用領域へ拡張可能となり，設計プロセス全体を大幅に効率化・高度化する自動設計支援ツールとしての有用性が一段と高まることが期待される．

参 考 文 献

[1] Johnson, G. R. (1977). EPIC-3, A Computer Program for Elastic-Plastic Impact Calculations in 3 Dimensions (No. 47052). HONEYWELL INC MINNETONKA MN DEFENSE SYSTEMS GROUP.

[2] Johnson, G. R. (1978). EPIC-2, A Computer Program for Elastic-Plastic Impact Computations in 2 Dimensions Plus Spin. HONEYWELL INC HOPKINS MN DEFENSE SYSTEMS DIV.

[3] Johnson, W. E., Anderson Jr, C. E. (1987). History and application of hydrocodes in hypervelocity impact. International Journal of Impact Engineering, 5(1-4), 423-439.

[4] Evans, M. W., Harlow, F. H. (1957). The particle-in-cell method for hydrodynamic calculations (No. LA-2139). Los Alamos Scientific Lab., N. Mex.

[5] Hageman, L. J., Walsh, J. M. (1971). HELP, a Multi-Material Eulerian Program for Compressible Fluid and Elastic-Plastic Flows in Two Space Dimensions and Time. Volume 2. Fortran Listing of HELP (No. 3SR-350-VOL-2). SYSTEMS SCIENCE AND SOFTWARE LA JOLLA CA.

[6] McGlaun, J. M., Thompson, S. L., Elrick, M. G. (1990). CTH: a three-dimensional shock wave physics code. International Journal of Impact Engineering, 10(1-4), 351-360.

[7] Benson, D. J. (1992). Computational methods in Lagrangian and Eulerian hydrocodes. Computer methods in Applied mechanics and Engineering, 99(2-3), 235-394.

[8] Benson, D. J. (1997). A mixture theory for contact in multi-material Eulerian formulations. Computer methods in applied mechanics and engineering, 140(1-2), 59-86.

[9] Benson, D. J. (1998). Stable time step estimation for multi-material Eulerian hydrocodes. Computer methods in applied mechanics and engineering, 167(1-2), 191-205.

[10] Benson, D. J., Okazawa, S. (2004). Contact in a multi-material Eulerian finite element formulation. Computer methods in applied mechanics and engineering, 193(39-41), 4277-4298.

[11] Okazawa, S., Kashiyama, K., Kaneko, Y. (2007). Eulerian formulation using stabilized finite element method for large deformation solid dynamics. International Journal for Numerical Methods in Engineering, 72(13), 1544-1559.

[12] 岡澤重信, 西口浩司, 田中智行. (2014). 自由移動境界を有するボクセル固体流体連成解析. 日本計算工学会論文集, 2014, 20140011-20140011.

[13] Sugiyama, K., Ii, S., Takeuchi, S., Takagi, S., Matsumoto, Y. (2010). Full Eulerian simulations of biconcave neo-Hookean particles in a Poiseuille flow. Computational Mechanics, 46(1), 147-157.

[14] Takagi, S., Sugiyama, K., Ii, S., Matsumoto, Y. (2012). A review of full Eulerian methods for fluid structure interaction problems. Journal of applied mechanics, 79(1).

[15] Ii, S., Shimizu, K., Sugiyama, K., Takagi, S. (2018). Continuum and stochastic approach for cell adhesion process based on Eulerian fluid-capsule coupling with Lagrangian markers. Journal of Computational Physics, 374, 769-786.

[16] Noh, W. F. (1963). CEL: A time-dependent, two-space-dimensional, coupled Eulerian-Lagrange code (No. UCRL-7463). Lawrence Radiation Lab., Univ. of California, Livermore.

[17] Franck, R. M., Lazarus, R. B. (1964). Mixed eulerian-lagrangian method. Methods in computational physics, 3, 47-67.

[18] Belytschko, T. B., Kennedy, J. M. (1978). Computer models for subassembly simulation. Nuclear Engineering and Design, 49(1-2), 17-38.

[19] Hughes, T. J., Liu, W. K., Zimmermann, T. K. (1981). Lagrangian-Eulerian finite element formulation for incompressible viscous flows. Computer methods in applied mechanics and engineering, 29(3), 329-349.

[20] Sulsky, D., Chen, Z., Schreyer, H. L. (1994). A particle method for history-dependent materials. Computer methods in applied mechanics and engineering, 118(1-2), 179-196.

[21] Brackbill, J. U., Kothe, D. B., Ruppel, H. M. (1988). FLIP: a low-dissipation, particle-in-cell method for fluid flow. Computer Physics Communications, 48(1), 25-38.

[22] Lucy, L. B. (1977). A numerical approach to the testing of the fission hypothesis. The astronomical journal, 82, 1013-1024.

[23] Gingold, R. A., Monaghan, J. J. (1977). Smoothed particle hydrodynamics: theory and application to non-spherical stars. Monthly notices of the royal astronomical society, 181(3), 375-389.

[24] Monaghan, J. J. (2012). Smoothed particle hydrodynamics and its diverse applications. Annual Review of Fluid Mechanics, 44, 323-346.

[25] Ma, S., Zhang, X., Qiu, X. M. (2009). Comparison study of MPM and SPH in modeling hypervelocity impact problems. International journal of impact engineering, 36(2), 272-282.

[26] Liu, W. K., Jun, S., Zhang, Y. F. (1995). Reproducing kernel particle methods. International journal for numerical methods in fluids, 20(8-9), 1081-1106.

[27] Onate, E., Idelsohn, S., Zienkiewicz, O. C., Taylor, R. L. (1996). A finite point method in computational mechanics. Applications to convective transport and fluid flow. International journal for numerical methods in engineering, 39(22), 3839-3866.

[28] Belytschko, T., Lu, Y. Y., Gu, L. (1994). Element-free Galerkin methods. International journal for numerical methods in engineering, 37(2), 229-256.

[29] Koshizuka, S., Oka, Y. (1996). Moving-particle semi-implicit method for fragmentation of incompressible fluid. Nuclear science and engineering, 123(3), 421-434.

[30] Javili, A., Morasata, R., Oterkus, E., Oterkus, S. (2019). Peridynamics review. Mathematics and Mechanics of Solids, 24(11), 3714-3739.

[31] Li, S., Liu, W. K. (2002). Meshfree and particle methods and their applications. Appl. Mech. Rev., 55(1), 1-34.

[32] Liu, G. R. (2016). An overview on meshfree methods: for computational solid mechanics. International Journal of Computational Methods, 13(05), 1630001.

[33] Garg, S., Pant, M. (2018). Meshfree methods: A comprehensive review of applications. International Journal of Computational Methods, 15(04), 1830001.

[34] 久田俊明. (1992). 非線形有限要素法のためのテンソル解析の基礎.

[35] Holzapfel, G. A. (2002). Nonlinear solid mechanics: a continuum approach for engineering science.

[36] Bonet, J., Wood, R. D. (1997). Nonlinear continuum mechanics for finite element analysis. Cambridge university press.

[37] Spencer, A. J. M. (2004). Continuum mechanics. Courier Corporation.

[38] Marsden, J. E., Hughes, T. J. (1994). Mathematical foundations of elasticity. Courier Corporation.

[39] 京谷 孝史. (2008). よくわかる連続体力学ノート.

[40] 棚橋 隆彦. (1995). 連続体の力学 (1) －物質の変形と流動－.

[41] 徳岡 辰雄. (1999). 有理連続体力学の基礎.

[42] 石原 繁. (2008). テンソル－科学技術のために－.

[43] Drew, D. A., Passman, S. L. (2006). Theory of multicomponent fluids (Vol. 135). Springer Science & Business Media.

[44] Kamrin, K., Rycroft, C. H., Nave, J. C. (2012). Reference map technique for finite-strain elasticity and fluid-solid interaction. Journal of the Mechanics and Physics of Solids, 60(11), 1952-1969.

[45] Nishiguchi, K., Shimada, T., Peco, C., Kondo, K., Okazawa, S., Tsubokura, M. (2024). Eulerian finite volume method using Lagrangian markers with reference map for incompressible fluid-structure interaction problems. Computers & Fluids, 274, 106210.

[46] Chorin, A. J. (1969). On the convergence of discrete approximations to the Navier-Stokes equations. Mathematics of computation, 23(106), 341-353.

[47] Yavneh, I. (1996). On red-black SOR smoothing in multigrid. SIAM Journal on Scientific Computing, 17(1), 180-192.

[48] Rhie, C. M., Chow, W. L. (1983). Numerical study of the turbulent flow past an airfoil with trailing edge separation. AIAA journal, 21(11), 1525-1532.

[49] Hirt, C. W., Nichols, B. D. (1981). Volume of fluid (VOF) method for the dynamics of free boundaries. Journal of computational physics, 39(1), 201-225.

[50] Jiang, G. S., Shu, C. W. (1996). Efficient implementation of weighted ENO schemes. Journal of computational physics, 126(1), 202-228.

[51] Youngs, D. L. (1982). Time-Dependent Multi-Material Flow with Large Fluid Distortion. Numerical Methods for Fluid Dynamics, edited by K. W. Morton and M. J. Baines, Academic Press, pp.273-285, 1982.

[52] Harlow, F. H., Evans, M., Richtmyer, R. D. (1955). A machine calculation method for hydrodynamic problems. Los Alamos Scientific Laboratory of the University of California.

[53] Rider, W. J., Kothe, D. B. (1998). Reconstructing volume tracking. Journal of computational physics, 141(2), 112-152.

[54] Scardovelli, R., Zaleski, S. (1999). Direct numerical simulation of free-surface and interfacial flow. Annual review of fluid mechanics, 31(1), 567-603.

[55] Miller, G. H., Colella, P. (2002). A conservative three-dimensional Eulerian method for coupled solid-fluid shock capturing. Journal of Computational Physics, 183(1), 26-82.

[56] Renardy, Y., Renardy, M. (2002). PROST: a parabolic reconstruction of surface tension for the volume-of-fluid method. Journal of computational physics, 183(2), 400-421.

[57] Lörstad, D., Fuchs, L. (2004). High-order surface tension VOF-model for 3D bubble flows with high density ratio. Journal of computational physics, 200(1), 153-176.

[58] Liovic, P., Rudman, M., Liow, J. L., Lakehal, D., Kothe, D. (2006). A 3D unsplit-advection volume tracking algorithm with planarity-preserving interface reconstruction. Computers & fluids, 35(10), 1011-1032.

[59] Aulisa, E., Manservisi, S., Scardovelli, R., Zaleski, S. (2007). Interface reconstruction with least-squares fit and split advection in three-dimensional Cartesian geometry. Journal of Computational Physics, 225(2), 2301-2319.

[60] Hernández, J., López, J., Gómez, P., Zanzi, C., Faura, F. (2008). A new volume of fluid method in three dimensions-Part I: Multidimensional advection method with face - matched flux polyhedra. International Journal for Numerical Methods in Fluids, 58(8), 897-921.

[61] López, J., Zanzi, C., Gómez, P., Faura, F., Hernández, J. (2008). A new volume of fluid method in three dimensions-Part II: Piecewise - planar interface reconstruction with cubic - Bézier fit. International journal for numerical methods in fluids, 58(8), 923-944.

[62] Rudman, M. (1997). Volume - tracking methods for interfacial flow calculations. International journal for numerical methods in fluids, 24(7), 671-691.

[63] Scardovelli, R., Zaleski, S. (2000). Analytical relations connecting linear interfaces and volume fractions in rectangular grids. Journal of Computational Physics, 164(1), 228-237.

[64] Chorin, A. J. (1985). Curvature and solidification. Journal of Computational Physics, 57(3), 472-490.

[65] Barth, T. J. (1992). Aspects of unstructured grids and finite-volume solvers for the Euler and Navier-Stokes equations. AGARD, special course on unstructured grid methods for advection dominated flows.

[66] Swartz, B. (1989). The second-order sharpening of blurred smooth borders. Mathematics of Computation, 52(186), 675-714.

[67] Press, W. H. (1996). Numerical recipes in Fortran 90: Volume 2, volume 2 of Fortran numerical recipes: The art of parallel scientific computing (Vol. 2). Cambridge university press.

[68] Kothe, D., Rider, W., Mosso, S., Brock, J., Hochstein, J. (1996, January). Volume tracking of interfaces having surface tension in two and three dimensions. In 34th aerospace sciences meeting and exhibit (p. 859).

[69] Benson, D. J. (2002). Volume of fluid interface reconstruction methods for multi-material problems. Appl. Mech. Rev., 55(2), 151-165.

[70] Abramowitz, M., Stegun, I. A. (1965). Handbook of mathematical functions Dover Publications. New York, 361.

[71] Zhao, H., Freund, J. B., Moser, R. D. (2008). A fixed-mesh method for incompressible flow-structure systems with finite solid deformations. Journal of Computational Physics, 227(6), 3114-3140.

[72] Benson, D. J. (1995). A multi-material Eulerian formulation for the efficient solution of impact and penetration problems. Computational Mechanics, 15(6), 558-571.

[73] 西口浩司, 岡澤重信, 坪倉誠. (2017). 大規模並列計算に適した階層型直交メッシュ法による完全オイラー型固体-流体連成解析. 土木学会論文集 A2 (応用力学), 73(2), I153-I163.

[74] Nishiguchi, K., Okazawa, S., Tsubokura, M. (2018). Multimaterial Eulerian finite element formulation for pressure-sensitive adhesives. International Journal for Numerical Methods in Engineering, 114(13), 1368-1388.

[75] Nishiguchi, K., Bale, R., Okazawa, S., Tsubokura, M. (2019). Full Eulerian deformable solid-fluid interaction scheme based on building-cube method for large-scale parallel computing. International Journal for Numerical Methods in Engineering, 117(2), 221-248.

[76] 岡澤重信, 車谷麻緒, 寺沢英之, 寺田賢二郎, 樫山和男. (2009). Euler 型有限被覆法による大変形固体解析に関する基礎的研究. 応用力学論文集, 12, 195-203.

[77] Okazawa, S., Terasawa, H., Kurumatani, M., Terada, K., Kashiyama, K. (2010). Eulerian finite cover method for solid dynamics. International Journal of Computational Methods, 7(01), 33-54.

[78] 山田貴博, 石井聡, 松井和己, 相澤政史. (2005). 固体の大変形解析のためのマーカ積分特性有限要素法. 応用力学論文集, 8, 319-326.

[79] Sugiyama, K., Nagano, N., Takeuchi, S., Ii, S., Takagi, S., Matsumoto, Y. (2011). Particle-in-cell method for fluid-structure interaction simulations of neo-Hookean tube flows. Theoretical and Applied Mechanics Japan, 59, 245-256.

[80] 西口浩司, 岡澤重信, 坪倉誠. (2018). 非圧縮性固体-流体連成解析のための陰的 Particle-in-cell 法. 土木学会論文集 A2 (応用力学), 74(2), I253-I263.

[81] Brackbill, J. U., Ruppel, H. M. (1986). FLIP: A method for adaptively zoned, particle-in-cell calculations of fluid flows in two dimensions. Journal of Computational physics, 65(2), 314-343.

[82] Franke, R., Nielson, G. (1980). Smooth interpolation of large sets of scattered data. International journal for numerical methods in engineering, 15(11), 1691-1704.

[83] Lundquist, K. A., Chow, F. K., Lundquist, J. K. (2012). An immersed boundary method enabling large-eddy simulations of flow over complex terrain in the WRF model. Monthly Weather Review, 140(12), 3936-3955.

[84] Nakahashi, K. (2003, April). Building-cube method for flow problems with broadband characteristic length. In Computational Fluid Dynamics 2002: Proceedings of the Second International Conference on Computational Fluid Dynamics, ICCFD, Sydney, Australia, 15-19 July 2002 (pp. 77-81). Berlin, Heidelberg: Springer Berlin Heidelberg.

[85] Ishida, T., Takahashi, S., Nakahashi, K. (2008). Efficient and robust cartesian mesh generation for building-cube method. Journal of Computational Science and Technology, 2(4), 435-446.

[86] Sagan, H. (1994). Hilbert's space-filling curve. In Space-filling curves (pp. 9-30). New York, NY: Springer New York.

[87] Tawara, T., Ono, K. (2007, September). Fast large scale voxelization using a pedigree. In The 10th ISGG Conference on Numerical Grid Generation.

[88] Jansson, N., Bale, R., Onishi, K., Tsubokura, M. (2019). CUBE: A scalable framework for large-scale industrial simulations. The international journal of high performance computing applications, 33(4), 678-698.

[89] Van de Velde, E. F. (2013). Concurrent scientific computing (Vol. 16). Springer Science & Business Media.

[90] 石田崇. (2011). Study of high-order/high-resolution method for flow simulations with cartesian grid method (Doctoral dissertation, Tohoku University).

[91] Onishi, K., Tsubokura, M., Obayashi, S., Nakahashi, K. (2014). Vehicle aerodynamics simulation for the next generation on the K computer: part 2 use of dirty CAD data with modified Cartesian grid approach. SAE International Journal of Passenger Cars-Mechanical Systems, 7(2014-01-0580), 528-537.

[92] Kondo, K., Minami, K., Hasegawa, Y., Umetani, H., Setoyama, Y., Horita, T., Kanazawa, H. (2013). Performance evaluation using LS-DYNA hybrid version on the K Computer. In Proceedings of 9th European LS-Dyna conference.

[93] Ida, K., Ohno, Y., Inoue, S., Minami, K. (2012). Performance profiling and debugging on the k computer. Fujitsu Scientific and Technical Journal, 48(3), 331-339.

[94] MPICH: a high performance and widely portable implementation of the Message Passing Interface (MPI) standard. https://www.mpich.org/

[95] Turk G, Levoy M. The Stanford 3D Scanning Repository. https://graphics.stanford.edu/data/3Dscanrep/

[96] Turk, G., Levoy, M. (1994, July). Zippered polygon meshes from range images. In Proceedings of the 21st annual conference on Computer graphics and interactive techniques (pp. 311-318).

[97] Nishiguchi, K., Takeuchi, S., Sugiyama, H., Okazawa, S., Katsuhara, T., Yonehara, K., Kato, J. (2024). Eulerian elastoplastic simulation of vehicle structures by building-cube method on supercomputer Fugaku. In Proceedings of the International Conference on High Performance Computing in Asia-Pacific Region (pp. 145-153).

[98] 戸井田一聖, 西口浩司, 千葉直也, 和田有司, 横田理央, 干場大也, 加藤準治. (2024). 構造力学を考慮した 3 次元形状深層生成モデルの提案. 日本計算工学会論文集, 2024(1), 20241010-20241010.

[99] Dosovitskiy, A. (2020). An image is worth 16x16 words: Transformers for image recognition at scale. arXiv preprint arXiv:2010.11929.

[100] Vaswani, A. (2017). Attention is all you need. Advances in Neural Information Processing Systems.

[101] Nichol, A., Jun, H., Dhariwal, P., Mishkin, P., Chen, M. (2022). Point-e: A system for generating 3d point clouds from complex prompts. arXiv preprint arXiv:2212.08751.

[102] Jun, H., Nichol, A. (2023). Shap-e: Generating conditional 3d implicit functions. arXiv preprint arXiv:2305.02463.

[103] Lin, C. H., Gao, J., Tang, L., Takikawa, T., Zeng, X., Huang, X., Lin, T. Y. (2023). Magic3d: High-resolution text-to-3d content creation. In Proceedings of the IEEE/CVF Conference on Computer Vision and Pattern Recognition (pp. 300-309).

[104] Poole, B., Jain, A., Barron, J. T., Mildenhall, B. (2022). Dreamfusion: Text-to-3d using 2d diffusion. arXiv preprint arXiv:2209.14988.

[105] Radford, A., Kim, J. W., Hallacy, C., Ramesh, A., Goh, G., Agarwal, S., Sutskever, I. (2021, July). Learning transferable visual models from natural language supervision. In International conference on machine learning (pp. 8748-8763). PMLR.

[106] Park, J. J., Florence, P., Straub, J., Newcombe, R., Lovegrove, S. (2019). Deepsdf: Learning continuous signed distance functions for shape representation. In Proceedings of the IEEE/CVF conference on computer vision and pattern recognition (pp. 165-174).

[107] Mildenhall, B., Srinivasan, P. P., Tancik, M., Barron, J. T., Ramamoorthi, R., Ng, R. (2021). Nerf: Representing scenes as neural radiance fields for view synthesis. Communications of the ACM, 65(1), 99-106.

[108] Tancik, M., Srinivasan, P., Mildenhall, B., Fridovich-Keil, S., Raghavan, N., Singhal, U., Ng, R. (2020). Fourier features let networks learn high frequency functions in low dimensional domains. Advances in neural information processing systems, 33, 7537-7547.

[109] Lorensen, W. E., Cline, H. E. (1998). Marching cubes: A high resolution 3D surface construction algorithm. In Seminal graphics: pioneering efforts that shaped the field (pp. 347-353).

[110] Xie, Y., Takikawa, T., Saito, S., Litany, O., Yan, S., Khan, N., Sridhar, S. (2022, May). Neural fields in visual computing and beyond. In Computer Graphics Forum (Vol. 41, No. 2, pp. 641-676).

[111] Takikawa, T., Saito, S., Tompkin, J., Sitzmann, V., Sridhar, S., Litany, O., Yu, A. (2023, August). Neural fields for visual computing. In ACM SIGGRAPH 2023 Courses. Los Angeles, CA. https://neuralfields.cs.brown.edu/siggraph23.html

[112] Wada, Y., Shimada, T., Nishiguchi, K., Okazawa, S., Tsubokura, M. (2024). Billion-design-variable-scale topology optimization of vehicle frame structure in multiple-load case. Proceedings of the Institution of Mechanical Engineers, Part D: Journal of Automobile Engineering, 238(12), 3863-3874.

索　　引

あ 行

か 行

さ 行

著者の紹介

西 口 浩 司
名古屋大学大学院工学研究科土木工学専攻　准教授
理化学研究所計算科学研究センター
AI for Science プラットフォーム部門　上級研究員

岡 澤 重 信
山梨大学大学院総合研究部工学域機械工学系　教授
ダイバーテクノロジー株式会社　代表取締役 CEO

計算力学レクチャーコース
オイラー型構造解析　超並列計算と 3D 生成 AI への展開

令和 7 年 1 月 30 日　発　行

編　者　一般社団法人　日本計算工学会

発行者　池　田　和　博

発行所　丸善出版株式会社
〒101-0051 東京都千代田区神田神保町二丁目17番
編集：電話(03)3512-3266／FAX(03)3512-3272
営業：電話(03)3512-3256／FAX(03)3512-3270
https://www.maruzen-publishing.co.jp

組版印刷／製本・三美印刷株式会社

ISBN 978-4-621-31074-8 C 3353　Printed in Japan